Vogelhaltung mit Handicap

Ratgeber für die Haltung von Ziervögeln mit Behinderungen

Inhaltsverzeichnis

Vorwort der Autorinnen

Ein Leben mit Vögeln ist für uns Alltag. Gemeinsam schauen wir auf mehr als 70 Jahre Vogelhaltung zurück. In dieser Zeit kamen und gingen viele, viele Vögel. Immer gaben wir bevorzugt Tieren ein Heim, die sonst niemand mehr haben wollte: alte, gehandicapte, kranke Tiere; „Secondhand-Vögel", wie wir sie auch nennen. Sie alle gelangten mit ganz speziellen Bedürfnissen an ihre Haltung in unsere Obhut.

Mit den Jahren wurden wir so zu Expertinnen für Heimvogel-Erkrankungen und die Haltung gehandicapter – hauptsächlich – Sittiche. Wir fuhren so manches Mal zum Tierarzt, kürzten Krallen und Schnäbel, versorgten Wunden. Und wir bastelten absturzsichere Schlafplätze, bequeme Sitzgelegenheiten sowie behindertengerechte Kletterkonstrukte. Ob mit gelähmten Gliedmaßen, flugunfähig oder blind – sämtliche Vögel bekamen bei uns ihre Chance auf ein möglichst erfülltes und selbstbestimmtes Dasein.

Mit diesem Buch möchten wir unsere Erfahrungen weitergeben. Zudem möchten wir Sie ermutigen: Wagen Sie wie wir das Abenteuer „Leben mit gehandicapten Vögeln".

Gaby Schulemann-Maier, Essen
Sigrid März, Münster

Beide Katharinasittiche sind körperlich eingeschränkt, aber trotzdem noch gemeinsam im Schwarm unterwegs. Eine sichere Umgebung macht es möglich. Foto: Sigrid März

Oft ist das Zusammenleben mit unseren geliebten Heimvögeln hauptsächlich von schönen Momenten geprägt. Manchmal meint es das Schicksal aber weniger gut: Möglicherweise erkranken unsere gefiederten Gefährten trotz aller Fürsorge eines Tages oder erleiden einen Unfall. Bei manchen Vögeln bleiben danach dauerhaft körperliche Einschränkungen zurück.

Aber auch wenn die Tiere gesund und unfallfrei durchs Leben kommen, werden sie irgendwann alt. Gefiederte Senioren sind meist nicht mehr so fit wie einst. Für die Vögel selbst – und damit ebenso für Sie als Halter – sind Handicaps und altersbedingte Einschränkungen nicht selten eine Herausforderung. Gehandicapte Vögel verursachen unter Umständen hohe Tierarztkosten. Mitunter müssen Sie spezielles Zubehör anschaffen. Solche Ausgaben fallen häufig unverhofft an und müssen dennoch geschultert werden.

Unter Umständen kommt irgendwann der Tag, an dem Sie eine schwierige Entscheidung treffen müssen. Denn ungeachtet sämtlicher Bemühungen leiden einige Vögel erheblich unter ihren ausgeprägten Einschränkungen. Ist das Vogelleben dann noch lebenswert? Seine Tiere zu lieben, kann bedeuten, sie in Würde und Frieden gehen zu lassen. In der Mehrheit der Fälle ist die Lage glücklicherweise keineswegs so aussichtslos – ganz im Gegenteil! Mit oftmals wenigen Handgriffen können Sie die Haltungsbedingungen anpassen und so gehandicapten Vögeln ein angenehmes und für sie sicheres Umfeld bieten. Aber: Gehandicapte Vögel zu pflegen, braucht Zeit und viel Hintergrundwissen. Welche Ursache hat diese spezielle körperliche Einschränkung? Wie kann ich als Halter dem betroffenen Tier helfen, damit es sich zum Beispiel nicht noch zusätzlich verletzt? Was muss ich über mögliche Folgeerkrankungen wissen? So werden Sie mit der Zeit zu wahren Experten.

Des Weiteren erfordern manche Handicaps regelmäßige Pflegemaßnahmen oder Medikamentengaben. Möglichst keine Berührungsängste zu haben, kann für alle Beteiligten von Vorteil sein. Für chronisch kranke oder gehandicapte Vögel ist deshalb medizinisches Training hilfreich. Haben sie zum Beispiel gelernt, Medikamente aus einer Spritze zu trinken, nimmt dies viel Druck aus dem Alltag – auch für uns Menschen.

All das bringt eine Menge Verantwortung mit sich. Sie als Halter gehandicapter Vögel sind gewissermaßen deren „medizinisches Pflegepersonal“ – eine Aufgabe, in die Sie durchaus hineinwachsen können. Mit diesem Buch möchten wir Ihnen dabei helfen.

Kleine „Schönheitsfehler“ – wie eine fehlende Zehe bei dem rechten Katharinasittich – schränken Vögel meist nicht ein. Trotz Handicap führen sie ein zufriedenes Vogelleben. Foto: Sigrid März

Auch gehandicapte Vögel sollten ein möglichst angenehmes Leben führen können. Sie als Halter können so Einiges unternehmen, um Ihre gefiederten Mitbewohner dabei zu unterstützen.

In den folgenden Kapiteln stellen wir Ihnen die bei Heimvögeln am häufigsten auftretenden körperlichen Einschränkungen vor. Daneben zeigen wir gesundheitliche Besonderheiten und Herausforderungen im Alltag auf. Abschließend bieten die einzelnen Themenblöcke Praxistipps, die Ihnen als Anregungen dienen sollen.

Bei all der Theorie ist noch etwas sehr wichtig: Vögel mit Handicap brauchen genauso wie körperlich nicht eingeschränkte Tiere arteigene Gesellschaft. Obwohl manche Handicap-Vögel wegen ihrer Einschränkungen den Artgenossen gegenüber im Nachteil sind, sollten sie nicht allein leben müssen. Zwar werden gehandicapte Vögel mitunter von ihren Schwarmgefährten gemobbt. Doch zum Glück ist das nicht die Regel.

Treten dennoch Aggressionen auf, könnten Sie nach einem weiteren gehandicapten Vogel suchen, um zwei „einsame Herzen“ zu vereinen. Über den Tierschutz finden sich entsprechende Vögel, die wegen ihrer Einschränkungen oft nur schwer zu vermitteln sind.

Zum Schlafen kuschelt sich das kaum befiederte Wellensittichmännchen ins Federkleid seiner Schwarmgefährtin. Foto: Gaby Schulemann-Maier

Alt, gebrechlich, blind und versehrt – dieser Katharinasittich ist vom Leben gezeichnet. Trotzdem ist er lebensfroh und aktiv. Foto: Sigrid März

Vogelaugen sind menschlichen Augen recht ähnlich, doch es gibt auch deutliche Unterschiede. Verglichen mit unseren sind die Sehorgane der Vögel sehr groß, was von außen allerdings kaum zu sehen ist. Wenn die Rede vom Auge eines Vogels ist, beziehen sich die meisten Menschen auf den sichtbaren Teil, also Pupille, Iris und Augenlider. Häufig sind aber jene Bereiche des Auges geschädigt, die von außen nicht zu sehen sind. Um die Sehorgane betreffende Erkrankungen und Einschränkungen besser einschätzen zu können, sind deshalb einige Kenntnisse über die Anatomie der Vogelaugen hilfreich.

Als dünne, transparente Membran ist die Nickhaut der Wellensittiche mitunter kurzzeitig zu sehen. Foto: Gaby Schulemann-Maier

Verletzungen der Augenlider und Schwellungen der Nickhaut heilen bei der richtigen Behandlung in aller Regel schnell. Wichtig ist, einer Entzündung vorzubeugen, die auf das Auge übergreifen könnte. Foto: Gaby Schulemann-Maier

Anders als wir haben Vögel nicht nur ein Ober- und ein Unterlid. Als drittes Augenlid gibt es die sogenannte Nickhaut, die bei den meisten Vögeln transparent ist. Sie öffnet und schließt seitlich, wobei die Bewegung vom inneren zum äußeren Augenwinkel verläuft. Sogar wenn Ober- und Unterlid geschlossen sind, können Vögel ihre Nickhaut darunter bewegen, da sie sehr dünn ist.

Die Nickhaut bietet dem Vogelauge in Extremsituationen einen zusätzlichen Schutz. So können die Tiere sie beispielsweise im Flug schließen und dadurch verhindern, dass starker Gegenwind das Auge austrocknet. Ist das zusätzliche Augenlid durchsichtig wie zum Beispiel bei Wellensittichen, können die Vögel dann trotzdem ungehindert sehen.

Der Augapfel setzt sich aus verschiedenen Bereichen zusammen: Vorn wölbt sich die transparente Hornhaut, hinter der die mit Flüssigkeit gefüllte vordere Augenkammer liegt. Ihr folgen die Iris, die Pupille sowie die kleine hintere Augenkammer. Daran schließt sich die Linse an, die sich ihrerseits vor dem recht großen Glaskörper befindet. Dessen hintere Oberfläche ist mit der Netzhaut ausgekleidet, die für das Sehen eine wichtige Rolle spielt. Die Netzhaut ist mit dem Sehnerv verbunden, der gewissermaßen die direkte Leitung zum Gehirn darstellt.

Etliche Augenprobleme der Vögel betreffen Hornhaut, Linse oder Netzhaut. Treten hier Schäden auf, führt dies meist zu Fehlsichtigkeit. Weil Vögel keine Brillen tragen können, bedeutet eine solche Sehstörung für sie in vielen Fällen eine erhebliche Einschränkung. Die extremste Form der Augenprobleme – die Blindheit – stellt sowohl den Halter als auch den Vogel selbst vor einige Hürden.

E
F
D
G
C
B
A
H

Grafik eines Vogelauges, stark vereinfacht: Hornhaut (A), vordere Augenkammer (B), Iris (C) mit Pupille (D), Linse (E), Glaskörper (F), Netzhaut (G) und Sehnerv (H). Foto: Sigrid März

Wegen einer schweren und trotz intensiver Behandlung nicht mehr heilbaren Entzündung ist der Katharinasittich erblindet. Foto: Gaby Schulemann-Maier

Auf ihre Augen sind Vögel wie die meisten anderen Lebewesen in hohem Maße angewiesen. Anders als in der Natur lebende Vögel sind die in Menschenobhut gehaltenen Individuen jedoch im Vorteil, wenn sich bei ihnen eine Sehbehinderung entwickelt. Sie leben in einem behüteten Umfeld und werden in aller Regel nicht von Fressfeinden bedroht. Sofern der Halter auf die körperlichen Einschränkungen reagiert, können die betroffenen Tiere normalerweise weiterhin ausreichend fressen. Außerdem wird ihnen für gewöhnlich schnell geholfen, falls sie sich infolge der Einschränkung ihres Sehvermögens verletzen oder sie anderweitig erkranken.

Eine Zyste hat das Auge des Wellensittichs umwuchert und den Sehnerv durchtrennt; es muss operativ entfernt werden. Foto: Gaby Schulemann-Maier

Trotzdem gilt es, die Haltungsbedingungen anzupassen. Dabei spielt die Art der Seheinschränkung beziehungsweise deren Ursache eine wichtige Rolle. Im Folgenden finden Sie eine Auflistung der häufigsten Erkrankungen beziehungsweise Einschränkungen, welche die Vogelaugen betreffen.

- Augenlider oder Nickhaut sind beschädigt oder verletzt: treten Schwellungen auf, gegebenenfalls wiederkehrend, beeinträchtigen diese das Sehen; fehlen Augenlider und/oder Nickhaut vollständig, trocknet die Hornhaut besonders schnell aus
- Hornhaut ist verletzt: dies führt oftmals zu bleibenden Schäden wie Narben oder Eintrübungen und damit zu Sehstörungen
- Augen sind stark entzündet: Sehen kann dauerhaft eingeschränkt sein, sofern die Entzündung nicht schnellstmöglich behandelt wird oder aber die Behandlung nicht erfolgreich verläuft
- Linse ist trüb, auch Grauer Star oder Katarakt genannt: die Folge sind schwere Seheinschränkungen bis hin zur vollständigen Erblindung
- Netzhaut löst sich ab, auch als Ablatio retinae bezeichnet: das Sehen ist sofort beträchtlich gestört; oft erblinden die Tiere
- Verlust des Auges: der Vogel ist blind.

Ist nur ein Auge betroffen, können viele Vögel dies sehr gut ausgleichen und ein weitestgehend normales Leben führen. Allerdings steigt für sie die Unfallgefahr, weil sie ihre Umgebung weniger gut überblicken können als Vögel mit zwei gesunden Augen. Umso akribischer sollten mögliche Unfallquellen in Freiflugzimmern und Volieren beseitigt oder zumindest deutlich entschärft werden.

Sind hingegen beide Augen in Mitleidenschaft gezogen, sind die Tiere – abhängig vom Auslöser der Sehstörungen – spürbar eingeschränkt. Bei angepasster Pflege kommen die meisten betroffenen Heimvögel aber sogar mit vollständiger Blindheit erstaunlich gut zurecht.

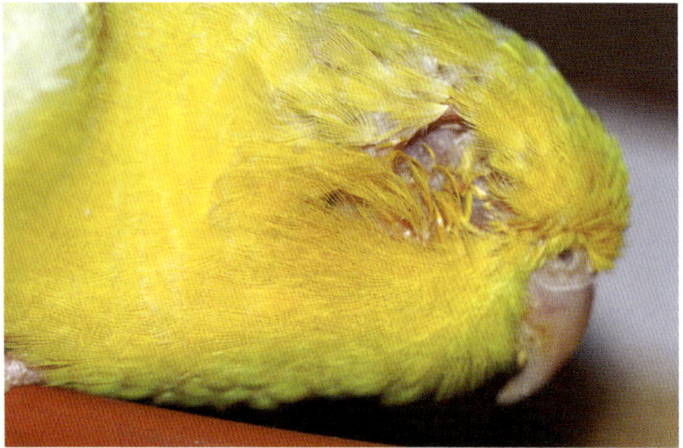

Das rechte Auge dieses Katharinasittichs musste operativ entfernt werden. Foto: Gaby Schulemann-Maier

Nach einem heftigen Zusammenstoß mit einer Fensterscheibe ist dieser Katharinasittich blind, seine Netzhäute haben sich abgelöst. Foto: Gaby Schulemann-Maier

Ursachen

Abhängig vom jeweiligen Sehproblem sind einige Ursachen charakteristisch:

- sind Heimvögel massiv und über einen längeren Zeitraum von Räudemilben befallen, kann dies zu Verletzungen der Augenlider führen; zu besonders schweren Schäden kommt es, wenn die Vögel sich kratzen und mit den Krusten Teile der Augenlider wegreißen
- Augenlider und Nickhaut können bei Kämpfen mit anderen Vögeln verletzt werden; seltener geschieht dies bei Unfällen ohne Beteiligung eines anderen Vogels
- ebenfalls durch Kämpfe oder Unfälle kann die Hornhaut zu Schaden kommen; gelegentlich gelangen Partikel der Einstreu (etwa Vogelsand) ins Auge und verletzen die Hornhaut
- Stichverletzungen, die das Auge betreffen, können zum Auslaufen des Kammerwassers führen
- Augen können sich entzünden, wenn Krankheitserreger in kleinste Verletzungen eindringen oder wenn Vögel sich bei infizierten Artgenossen anstecken; häufig sind Bakterien dafür verantwortlich; (chronische) Entzündungen der Nasennebenhöhlen (Sinusitis), können auf die Augen überspringen
- Grauer Star entsteht ohne äußere Einwirkungen und ist meist altersbedingt; der Zeitpunkt des Auftretens ist nicht vorhersehbar und es ist keineswegs jeder Vogel-Senior betroffen
- Netzhautablösungen können bei Vögeln durch ein schweres Anflugtrauma entstehen, also wenn sie mit dem Kopf voran gegen ein hartes Hindernis prallen

- es kann erforderlich sein, einen Augapfel chirurgisch zu entfernen, wenn dieser infolge von Unfällen, Zysten- oder Tumorbildung geschädigt ist.

Mehrheitlich können diese Ursachen Vögel jedes Alters betreffen. Lediglich Tumoren und Grauer Star treten hauptsächlich bei älteren Individuen auf.

Gesundheitliche Besonderheiten

Bei Vögeln mit chronischen Augenentzündungen ist die Sehfähigkeit oft eingeschränkt. Ein Tierarzt sollte die Behandlung mit entsprechenden Medikamenten einleiten und überwachen. Manchmal kann eine solche Therapie verhindern – oder zumindest hinauszögern –, dass die Vögel vollständig erblinden. Das klappt allerdings nicht immer. Neben vogelkundigen Tierärzten sind Tier-Augenärzte kompetente Ansprechpartner.

Um sich zu vergewissern, ob ein fehlsichtiger oder blinder Vogel ausreichend frisst, sollte er mindestens einmal pro Woche gewogen werden. Falls der Vogel sein Futter nicht (mehr) findet und infolgedessen zu wenig frisst, verrät die Waage dies. Es reicht nicht, das Tier lediglich äußerlich zu begutachten, weil die Federn keine verlässliche Einschätzung erlauben.

Etliche Vögel mit schweren Sehfehlern oder erblindete Tieren fressen ausschließlich Futter, von dem sie wissen, wo es sich befindet. Das bedeutet aber, dass sie täglich dasselbe fressen und so eventuell mit Nährstoffen unterversorgt sind. Wir haben es dabei mit einer Fehl- oder Mangelernährung zu tun.

Wegen einer bakteriellen Infektion, die trotz langer Behandlung nicht in den Griff zu bekommen war, sieht dieser Wellensittich auf dem linken Auge nichts mehr.
Foto: Gaby Schulemann-Maier

Das Verletzungsrisiko ist bei Vögeln mit Seheinschränkungen oder erblindeten Individuen sehr viel höher als bei normalsichtigen. Halter müssen ständig mit Blessuren rechnen. Umso wichtiger ist es, eine gut ausgerüstete Hausapotheke für Vögel zur Hand zu haben und mit Erste-Hilfe-Maßnahmen vertraut zu sein.

Herausforderungen im Alltag

Muss ein Vogel aufgrund einer Entzündung oder Verletzung regelmäßig am Auge mit Medikamenten versorgt werden, ist das für viele Halter schwierig. Lassen Sie sich am besten von Ihrem Tierarzt zeigen, wie Sie den Vogel sicher fixieren können. So laufen Sie nicht Gefahr, ihm beispielsweise versehentlich ein Wattestäbchen mit Salbe ins ohnehin bereits erkrankte oder verletzte Auge zu rammen.

Versorgen Sie das Vogelauge mit Medikamenten, bringen Sie keine spitzen oder scharfkantigen Gegenstände

Ein Grauer Star entwickelt sich bei älteren Vögeln meist relativ langsam und es bleibt oft noch genügend Zeit, mit ihnen akustische Kommandos einzuüben, die später den Umgang erleichtern. Foto: Gaby Schulemann-Maier

in dessen Nähe. Das gilt auch für Fingernägel, kürzen Sie diese so weit wie möglich. Augentropfen sollten aus einer sicheren Entfernung von etwa ein bis zwei Zentimetern eingeträufelt werden, falls das Tier ein wenig zappelt. So kann es sich die Medikamentenflasche nicht durch eine abrupte Bewegung selbst ins Auge stoßen.

Lieblingsplätze finden

Damit fehlsichtige oder blinde Vögel ihr Futter und ihre Lieblingsplätze finden, sollte alles stets am selben Platz sein. Kleinste Abweichungen können zur Verwirrung oder gar zu Stürzen führen. Bringen Sie Markierungen an. Das hilft Ihnen, die dem Vogel bekannte räumliche Anordnung beizubehalten. Indem Sie den Käfig- oder Volierenboden polstern, vermeiden sie sturzbedingte Verletzungen, siehe Kapitel 4.1. Generell wird empfohlen, Heimvögel durch regelmäßiges Anbieten frischer Naturäste und neuer Spielzeuge zu beschäftigen. Das kann bei blinden Individuen nur unter erschwerten Bedingungen umgesetzt werden. Manche Vögel fliegen sogar noch, wenn sie vollständig erblindet sind. Dadurch bringen sie sich in erhebliche Gefahr, weshalb die bevorzugten Flugstrecken – soweit möglich – abgesichert werden müssen. Außerdem sollten Sie die Tiere niemals unbeaufsichtigt fliegen lassen. So können Sie schnell eingreifen, falls sich ein blinder Vogel in eine brenzlige Lage manövriert oder gar verletzt hat.

Der Umgang mit stark fehlsichtigen oder blinden Vögeln kann schmerzhaft sein. Nähert man sich ihnen, ohne dass sie es bemerken, beißen sie bei Berührung oft zu. Solche Abwehrbisse sind verständlich, die Vögel haben Angst und verteidigen sich gegen einen für sie nicht sichtbaren Angreifer. Sprechen Sie die Tiere an, wenn Sie sich ihnen nähern und bevor Sie sie berühren.

Manche Artgenossen gehen mit fehlsichtigen oder blinden Vögeln ruppig um, stark gehandicapte Individuen werden mitunter zu Mobbing-Opfern. Es ist an Ihnen als Halter, eine Möglichkeit zu finden, die Tiere vor Angriffen zu schützen. Dabei sollten sie nicht vereinsamen, eine Einzelhaltung ist deshalb keine Option.

Tipps für die Haltung

Nicht jeder Halter legt Wert darauf, dass die gefiederten Mitbewohner zahm sind. Im alltäglichen Umgang mit stark fehlsichtigen oder blinden Vögeln ist es jedoch ausgesprochen hilfreich, wenn die Tiere Vertrauen zum Menschen haben. Papageien und Sittiche lassen sich mit Methoden wie dem Clicker-Training dazu bringen, auf Kommando bestimmte Handlungen zu vollziehen.

Dazu gehört unter anderem, dass sie auf einen ihnen angebotenen Finger klettern, wenn man sie dazu auffordert.

Blinde Vögel sollten idealerweise Kommandos kennen, um das „Fingertaxi" (oder Stöckchen-Taxi) nutzen zu können. So können Sie die Tiere stressfrei in einen Käfig setzen. Zudem ist es hilfreich, sie dahingehend zu trainieren, dass sie bei einem bestimmten Kommando in die Hand genommen werden. Kennen sie diese „Ansage", beißen vertrauensvolle Vögel normalerweise nicht zu, um sich zu verteidigen. Ihr Tierarzt wird es Ihnen danken ...

Beginnen Sie möglichst schon mit dem Training, solange der Vogel noch sehen kann. Denn dann kann er die ihm als Belohnung gereichten Leckerchen wahrnehmen. Mit einem blinden Vogel, der noch nicht zahm ist, Kommandos einzuüben, ist dagegen deutlich schwieriger. Es ist kaum möglich, mit Leckerchen als Belohnung zu arbeiten, weil er sie nicht sieht. Sie brauchen sehr viel Geduld und Fingerspitzengefühl, um einen solchen Vogel zu trainieren. Und seien Sie dabei auf Rückschläge und Bisse gefasst! Am besten holen Sie sich Unterstützung von jemandem, der sehr viel Erfahrung mit dem Training von Papageien hat.

Stark fehlsichtige und blinde Vögel neigen dazu, ruhig zu werden und das Spielen einzustellen. Finden Sie heraus, ob Ihr Vogel vielleicht gern schreddert. Führen Sie ihn gezielt an entsprechende Spielzeuge heran, so hat er etwas „zu tun".

Wühlkisten sind für blinde Vögel ebenfalls ein schöner Zeitvertreib. Zwischen Einstreu wie Buchenholzgranulat können Sie kleine Leckerbissen wie Stücke von Kolbenhirse verstecken. Hat Ihr blinder Vogel gelernt, dass es sich lohnt, die Wühlkiste intensiv zu untersuchen, bringt dies Abwechslung in seinen Alltag. Dies sollte jedoch nicht die einzige Fütterungsmethode sein, weil nicht alle blinden Vögel auf diese Weise genügend Nahrung finden würden.

Beschäftigen Sie sich mit Ihrem blinden Vogel, indem Sie akustische Reize einsetzen. Sprechen Sie mit ihm, singen Sie oder spielen Sie ihm Melodien mit dem Handy vor. Ihrer Fantasie sind keine Grenzen gesetzt, probieren Sie derlei Spiele mit Ihrem gefiederten Schützling aus. Und seien Sie nicht enttäuscht, falls Ihr Vogel es doch nicht mag. Zwang ist niemals hilfreich.

Sonderfall blinde Weibchen

Viele Papageien und Sittiche geraten in Brutstimmung, wenn man ihnen Nistplätze anbietet. Dies sind meist Höhlen oder Nistkästen, und darin ist es dunkel. So manches blinde Vogelweibchen kommt wegen der permanent erlebten Dunkelheit besonders schnell in Fortpflanzungslaune. Dies wird oft dadurch verstärkt, dass den Tieren höhlenartige Plätze zur Verfügung gestellt werden. Denn obwohl sie blind sind, erkennen sie potenzielle Bruthöhlen durch Hören und Tasten.

Blinde Papageienweibchen können daher leicht zu Dauerlegerinnen werden, insbesondere wenn sie höhlenartige Bereiche aufsuchen können. Versuchen Sie, ständiges Eierlegen zu unterbinden, damit sich die Tiere nicht zu sehr verausgaben. Vogelkundige Tierärzte helfen dabei, eine individuelle Lösung zu finden.

Kapitel 3.1.2 · Chronische Augenreizungen und -entzündungen

Augenreizungen und -entzündungen belasten Vögel oftmals sehr, weil sie über einen langen Zeitraum oder wiederholt auftreten können. Im weitesten Sinne sind sie damit ein Handicap, weil sie sich negativ auf das Sehvermögen auswirken. Ist ein Auge gereizt oder entzündet, geht dies häufig mit Schwellungen oder vermehrtem Tränen- beziehungsweise Sekretfluss einher. Zudem verklebt das umliegende Gefieder. Versucht der Vogel durch Reiben oder Kratzen, die Krusten loszuwerden, reizt er das bereits angegriffene Auge umso mehr. Manche an den Augenlidern klebenden Krusten sind gar so groß, dass sie ins Auge ragen und die empfindliche Hornhaut reizen. Das regt den Sekretfluss an, was die Krusten weiter wachsen lässt – ein für die betroffenen Tiere höchst unangenehmer Teufelskreis.

Leidet ein Vogel an einer Augenreizung oder -entzündung, ist dies nicht nur mit Schmerzen und/oder Juckreiz verbunden. Hinzu kommt, dass viele Tiere die Augenlider schließen und dadurch nicht richtig sehen können. Oder eventuell vorhandene Krusten verdecken die Pupille, wodurch das Gesichtsfeld eingeschränkt sein kann.

Ursachen

Reizungen und Entzündungen der Augen der Vögel können sich aufgrund verschiedener Ursachen entwickeln:

- bakterielle Infektionen, unter anderem Ornithose („Papageienkrankheit“)
- Verletzungen des Auges
- Verletzungen der Augenlider und/oder der Nickhaut
- Räudemilbenbefall an den Augenlidern
- Vernarbungen der Hornhaut
- mechanische Reizung beispielsweise durch sehr lange Federn bei Standardwellensittichen
- Staub in Räumen mit schlechter Luftqualität.

Alle oben aufgeführten Ursachen können Vögel jedes Alters betreffen.

Gesundheitliche Besonderheiten

Weil chronisch entzündete oder gereizte Augen ausgesprochen unangenehm sind, ist es grundsätzlich wichtig, einen erfahrenen Tierarzt zurate zu ziehen. Dies kann ein Vogeltierarzt, aber auch ein Augenarzt für Tiere sein. Oft schließen betroffene Vögel schmerzende oder juckende Augen(lider). Ebenso können Krusten oder Federchen die Sehfähigkeit stören. In der Regel sind solche Sehstörungen nur vorübergehend. Dennoch: Mittel- und vor allem langfristig können sich aus ständigen Reizungen oder leichten chronischen Entzündungen gravierende Folgeerkrankungen entwickeln. Das heißt, dauerhafte Schädigungen von Hornhaut, Linse oder anderer Bestandteile des Auges können die Folge sein. Dies wiederum kann zu erheblichen Einschränkungen der Sehfähigkeit oder im ungünstigsten Fall zur vollständigen Erblindung führen. Vögel, die aufgrund von Reizungen und Entzündungen der Augen schlecht sehen können, sind verstärkt unfallgefährdet. Eventuell nehmen sie nicht genügend Nahrung zu sich, weil sie das Futter nicht finden oder sich allgemein unwohl fühlen. Deshalb haben Augenreizungen und -entzündungen einen weitreichenden Einfluss auf die allgemeine Gesundheit.

Durch eine chronische Augenreizung bilden sich bei manchen betroffenen Vögeln wiederholt Krusten, die die Sehfähigkeit und Lebensqualität einschränken.
Foto: Gaby Schulemann-Maier

Herausforderungen im Alltag

Vögel, deren Augen über einen längeren Zeitraum gereizt sind und bei denen sich Krusten im Gefieder bilden, benötigen regelmäßige Hilfe. So kann es erforderlich sein, die Vögel in die Hand zu nehmen, um die Krusten zu entfernen oder vom Tierarzt verordnete Präparate wie Augentropfen oder -salben anzuwenden. Für empfindliche Tiere, die dem Menschen gegenüber wenig Vertrauen haben, ist das beängstigend. Stress wiederum kann sich negativ auf die Augenerkrankung auswirken. Finden Sie deshalb die Balance: Einerseits gilt es, betroffenen Tieren zu helfen, andererseits, sie so wenig wie möglich zu belasten. Helfen kann hierbei medizinisches Training (Medical Training) – übrigens nicht nur bei Vögeln mit chronischen Erkrankungen. Es stärkt das Vertrauen der Vögel in den Menschen, gewöhnt sie an notwendige Maßnahmen und senkt so den Stresspegel.

Tipps für die Haltung

Reizen zu lange oder schief wachsende Federn die Augen, gibt es schnelle Abhilfe: Mit einer Schere können die Federn ein wenig gekürzt werden, wobei Tierärzte gern behilflich sind. Wiederholen Sie dies nach jeder Mauser. Für den Vogel ist diese schmerzlose Prozedur weniger belastend als ständig gereizte oder gar entzündete Augen.

Manche im Haus gehaltenen Vögel reagieren empfindlich auf staubige Luft, denn Staubpartikel können die Augen reizen. Außerdem leiden darunter die empfindlichen Atmungsorgane der Vögel. Hier lohnt sich die Anschaffung eines Luftreinigers.

Außerdem sollten Sie in solchen Fällen auf staubfreie Käfig- oder Voliereneinstreu zurückgreifen. So können Sie die Staubbelastung ebenfalls nachhaltig reduzieren.

Manche Vögel haben sehr lange Federn, die die Augen permanent reizen. Foto: Gaby Schulemann-Maier

Kapitel 3.2 · Die Flügel betreffende Einschränkungen

Es sind die Flügel, die Vögel zu Kreaturen der Lüfte machen. Sie ermöglichen – in Kombination mit den Federn – überhaupt erst das Fliegen. Sind sie (vorübergehend) beschädigt, schränkt das die Vögel vor allem hinsichtlich der Fortbewegung massiv sein.

Wie die Arme der Menschen sind Vogelflügel die oberen Extremitäten. Sie sind aus mehreren Knochen aufgebaut, die durch Gelenke miteinander verbunden sind. Darüber hinaus spielen Muskeln, Sehnen und Haut eine wichtige Rolle. Gerät das ausgewogene Zusammenspiel dieser Körperstrukturen aus dem Gleichgewicht, sind mehr oder minder gravierende Schwierigkeiten beim Fliegen die Folge – bis hin zur vollständigen Flugunfähigkeit.

Ein Hyazinthara im Freiflug. Foto: Gaby Schulemann-Maier

Um optimal zu fliegen, sollten Vögel ihre Flügel ohne Einschränkungen bewegen können und diese Körperteile sollten inklusive der Federn intakt sein. Folgende Aspekte sind wesentliche Gründe für die Flügel betreffende Einschränkungen:

- Knochenbrüche, zum Beispiel des Oberarmknochens (Humerus): mitunter ist trotz sofortiger Behandlung keine gänzliche Heilung gewährleistet
- Schulterverletzung: schwer bis gar nicht behandelbar
- Gelenkarthrose, beispielsweise in der Schulter: nicht heilbar, zumeist ist lediglich eine Schmerztherapie möglich
- Flügel teilweise oder vollständig amputiert: führt typischerweise zur Flugunfähigkeit
- Gewebe am oder unter dem Flügel ist verändert, etwa durch Lipome/Tumoren oder Ekzeme: teils nur schwer behandelbar, gegebenenfalls durch Amputation
- Fehlstellungen der Wirbelsäule und/oder der Beine: viele betroffene Vögel können ihre Flügel nur eingeschränkt bewegen und kaum fliegen, siehe auch Kapitel 3.4.3
- Muskulatur stark verkümmert: bessert sich nicht in jedem Fall wieder
- Federverlust: eingeschränkte Flugfähigkeit bis vollständige Flugunfähigkeit ist die Folge, Besserung je nach Ursache nicht zu erwarten.

Ursachen
Mögliche Ursachen für eine eingeschränkte Flugfähigkeit sind:

- jahrelange beengte Käfighaltung ohne Freiflug: Muskelabbau in vielen Fällen kombiniert mit Übergewicht sind das Resultat
- Mangelernährung in der Wachstumsphase: führt in vielen Fällen zu Fehlbildungen der Wirbelsäule und anderer Knochen, dadurch unter Umständen Einschränkungen der Flügelbeweglichkeit
- Flugunfälle wie Zusammenstöße oder Abstürze: verursachen oft Knochenbrüche und anderweitige Verletzungen, die nicht nur den Flügel/die Schulter betreffen können; gegebenenfalls ist eine (Teil-) Amputation nötig
- Verschleiß in den Gelenken: hauptsächlich im hohen Alter, aber ebenso bei Übergewicht und Fehlstellungen des Bewegungsapparats
- Tumorbildung am Flügel inklusive Lipome: kann gegebenenfalls eine (Teil-)Amputation erfordern
- schwere Hautekzeme am Flügel: durch Schwellungen, zusätzliches Gewicht sowie Spannung in der Haut wird die Beweglichkeit des Flügels eingeschränkt
- Gefiederverlust: durch Virusinfektionen oder durch Gewalteinwirkung (großflächig ausgerissene Federn)
- psychisches Trauma: ein schreckliches Erlebnis in Verbindung mit dem Fliegen lässt den Vogel diese Form der Fortbewegung meiden, obwohl er körperlich unversehrt ist.

Die meisten zuvor aufgeführten Ursachen können Vögel jedes Alters betreffen. Verschleiß der Gelenke ist hauptsächlich bei sehr alten Individuen zu beobachten, kann sich jedoch ebenso bei relativ jungen Tieren mit Fehlstellungen der Wirbelsäule oder Flügel zeigen. Unzertrennliche und Wellensittiche haben ein erhöhtes Risiko für Unterflügelekzeme. Generell können solche Hautveränderungen aber bei Individuen zahlreicher weiterer Vogelarten entstehen.

Gesundheitliche Besonderheiten

Eingeschränkt flugfähige Vögel neigen dazu, relativ faul und – durch Bewegungsmangel – übergewichtig zu werden. Der tägliche Energiebedarf dieser Tiere ist, verglichen mit dem ihrer körperlich aktiven, fliegenden Artgenossen, reduziert. Passen Sie daher die Ernährung entsprechend an. Am besten holen Sie hierzu den Rat eines erfahrenen Vogeltierarztes oder eines Spezialisten für Vogelernährung ein.

Bei Stürzen wird zuweilen der Schnabel verletzt.
Foto: Gaby Schulemann-Maier

Noch gravierender ist das ständige Verletzungsrisiko, dem Vögel mit eingeschränktem Flugvermögen ausgesetzt sind. Bei dem Versuch zu fliegen, können sie sich versehentlich in die falsche Richtung bewegen oder abstürzen.

Seine Platzwunde zog sich dieser flugunfähige Wellensittich bei einem Sturz auf seinen Flügel zu.
Foto: Gaby Schulemann-Maier

Eine besondere Herausforderung ist es, wenn nur ein Flügel in seiner Funktion eingeschränkt ist oder (teilweise) fehlt. Versuchen die betroffenen Vögel zu fliegen, drehen sie sich unkontrolliert im Kreis und trudeln zu Boden. Dabei können sie sich erhebliche Verletzungen zuziehen, weil sie mit Gegenständen zusammenprallen, denen sie unter normalen Umständen ausweichen würden.

Vergleichsweise häufig treten Platzwunden an der Nase (Wachshaut) oder Verletzungen des Schnabels auf. Dreht sich ein Tier im Sturz und prallt es auf den Rücken, können große Blutergüsse („blaue Flecken") entstehen. Stürzt der Vogel hingegen auf einen seiner Flügel, besteht die Gefahr von Platzwunden oder Knochenbrüchen. Darüber hinaus sind Knochenbrüche in den Beinen und/oder Füßen typische Folgen harter, unkontrollierter Landungen.

Etliche flugeingeschränkte Vögel laufen gern auf dem Boden umher. Für andere Haustiere wie Hunde oder Katzen sind sie extrem leichte Beute, auch wenn sich die Tiere untereinander vielleicht gut kennen und zuvor nie etwas passiert sein mag.

Hinzu kommt, dass wir Menschen in unserem Alltag manchmal abgelenkt sind. Im ungünstigsten Fall treten wir auf einen am Boden stehenden Vogel – nicht selten mit tödlichen Folgen für das Tier. Oder aber wir öffnen mit Schwung eine Tür, hinter der sich gerade ein flugunfähiger Vogel auf dem Boden aufhält. Von einer Tür getroffen zu werden, kann das Ende für ihn bedeuten.

Deshalb sollte grundsätzlich in jedem Haushalt, in dem flugeingeschränkte Vögel leben, allergrößte Vorsicht gelten.

Herausforderungen im Alltag

Bewegungsmangel auf der einen Seite und das hohe Unfallrisiko auf der anderen erfordern Fingerspitzengefühl. Es gilt, einen guten und sicheren Weg zu mehr körperlicher Aktivität zu finden. Die Tiere sollten ausgiebig klettern und laufen können, ohne dabei ungesichert abzustürzen.

Außerdem ist umfangreiches Wissen in Erster Hilfe wichtig. Sollte es doch einmal zu einem Unfall kommen, können Sie den verunglückten Vogel vor dem Gang zum Tierarzt erstversorgen beziehungsweise stabilisieren.

Anders als flugfähige Vögel halten sich Tiere mit eingeschränkter Flugfähigkeit gern am Boden auf, wodurch die Unfallgefahr steigt. Foto: Gaby Schulemann-Maier

Wegen seiner Flugunfähigkeit darf dieser Gelbhauben-kakadu nach draußen. Es besteht keine Gefahr, dass er weg-fliegt. Foto: Kerstin Michalzick

Tipps für die Haltung

Können Vögel nicht mehr richtig fliegen, entfernen Sie so viele Hindernisse und harte Gegenstände wie möglich aus dem Freiflugzimmer. Lassen sich besonders gefährliche Stellen nicht beseitigen, bedecken Sie diese mit dickem, weichem Polstermaterial.

Montieren Sie einen Kletterparcours für Ihre gehandicapten Vögel. Derlei Kletterstrecken können etwa aus Leitern und Seilen bestehen. Darunter lassen sich Netze oder Tücher spannen, die die Tiere auffangen, sofern sie doch einmal abrutschen und fallen. Oder aber Sie polstern (zusätzlich) den Boden, siehe Kapitel 4.1.

Bei Papageien und Sittichen ist es wahrscheinlich, dass sie irgendwann die Bodenpolsterung mit dem Schnabel bearbeiten. Aus diesem Grunde sollte sie aus ungiftigen Materialien bestehen. Im Idealfall sind die Tiere ständig unter Aufsicht; Sie können dann einschreiten, falls sie die Polsterung anknabbern.

Für viele Vogelarten ist es typisch, dass die Tiere gern möglichst hoch oben sitzen, um die Umgebung im Blick zu haben. Flugunfähige Vögel bilden diesbezüglich keine Ausnahme. Je höher sie sich aufhalten, desto gefährlicher ist ein Sturz. Sichern Sie die Umgebung Ihres flugunfähigen Vogels deshalb unbedingt so ab, dass trotz Bodenpolsterung oder anderer Sicherheitsvorkehrungen keine Stürze aus allzu großer Höhe möglich sind. Am besten sollten Vögel besonders hoch gelegene Stellen kletternd nicht erreichen können. Würden sie von dort aus abstürzen, könnten sie neben

Sichtbare Schädigungen zeigt sein Bewegungsapparat nicht, trotzdem kann dieser Wellensittich nicht fliegen. Seine Brustmuskulatur ist stark zurückgebildet. Foto: Gaby Schulemann-Maier

den Netzen oder Polsterungen aufschlagen und sich schwer verletzen.

Halten sich Ihre flugeingeschränkten Vögel dagegen für ihr Leben gern auf dem Boden auf, kann es ratsam sein, den Tieren einen großen „Laufstall" zu bauen. So minimieren Sie das Risiko, dass ein Mitglied Ihres Haushaltes oder Sie selbst versehentlich einen am Boden umherlaufenden Vogel verletzt. Falls Sie eine gesicherte Umgebung im Freien anbieten können, in der kein besonderes Verletzungsrisiko besteht, können Sie flugunfähige Vögel mit an die frische Luft nehmen.

An seiner linken Schulter erlitt dieser Wellensittich eine Verletzung, die unbehandelt blieb. Er kann nun nicht mehr richtig fliegen, sein Flügel hängt herab. Foto: Gaby Schulemann-Maier

Kapitel 3.3 · Vollständig oder teilweise fehlende Gliedmaßen

Wie sehr ein Lebewesen auf all seine Gliedmaßen angewiesen ist, fällt oft erst dann auf, wenn deren Beweglichkeit eingeschränkt ist oder sie sogar (teilweise) fehlen. Bei Vögeln reichen die Konsequenzen im Alltag unterschiedlich weit, je nachdem, welche Körperpartien wie stark betroffen sind. In den folgenden Kapiteln erfahren Sie, was es zum Beispiel für ein betroffenes Tier bedeutet, wenn ein Zeh oder ein Teil eines Flügels fehlt. So traurig der Anblick eines versehrten Vogels auch stimmen mag, gegenüber Wildtieren haben Heimvögel in der Regel den Vorteil, in einem geschützten Umfeld zu leben. Sie sind hinsichtlich ihrer Beweglichkeit verglichen mit unversehrten Artgenossen zwar benachteiligt, wenn Gliedmaßen teilweise oder gänzlich fehlen. Dennoch müssen sie normalerweise nicht fürchten, zu verhungern oder von Beutegreifern attackiert zu werden. Übrigens kommen in der Natur etliche Vögel – zumindest für eine Weile – erstaunlich gut mit (teilweise) fehlenden Zehen, Füßen oder gar Beinen zurecht. Beobachten lässt sich dies bei Straßentauben ebenso wie bei an der Küste lebenden Vögeln wie Sanderlingen. Etlichen in Deutschland frei lebenden Halsbandsittichen fehlen Zehen oder Füße. Trotzdem meistern diese schlauen Vögel ihren Alltag, und das ganz ohne die Hilfe des Menschen. Umso deutlicher macht dies, dass Heimvögel durch die richtigen unterstützenden Maßnahmen trotz (teilweise) fehlender Gliedmaßen häufig ebenfalls ein selbstbestimmtes und erfülltes Leben führen können.

Andere Papageien haben dieser Blaustirnamazone die Zehen abgebissen, was sie nun in ihrem Alltag einschränkt.
Foto: Oliver Schmidt

Zunächst sollen hier die Bezeichnungen der Körperteile erläutert werden, denn oft ist deren Verwendung ungenau. Menschen sprechen häufig von der Kralle, obwohl sie eigentlich einen Zeh meinen. Tatsächlich ist die Kralle nämlich ein Teil des Zehs. Sie besteht aus hartem Hornmaterial und entspricht dem Zehnagel beim Menschen. Der Zeh hingegen ist die längliche Körperpartie, an deren Ende sich die harte Kralle befindet.

Auf ihre Krallen und Zehen sind Vögel in vielerlei Hinsicht angewiesen. Sie halten sich damit an Zweigen, Seilen und Co. fest oder kratzen sich. Viele Papageien und Sittiche fixieren oder greifen zudem ihre Nahrung mit den Füßen. Fehlen Krallen und/oder Teile der Zehen, ist dies mehrheitlich auf eine Amputation zurückzuführen; dieser Begriff beschreibt das Entfernen eines Körperteils. Das wiederum geschieht keineswegs in jedem Fall bei einer Operation. Gründe für eine Amputation von Gliedmaßen gibt es zahlreiche.

Ursachen

Meist durch äußere Gewalteinwirkung können Vögel eine Kralle, einen Zeh oder im ungünstigsten Fall gleich mehrere dieser Körperteile verlieren. Daneben kommen andere Verursacher in Betracht. Im Folgenden finden Sie die häufigsten Auslöser:

- Krallen oder Zehenglieder sterben nach Durchblutungsstörungen ab, etwa aufgrund sehr starken Räudemilben-Befalls
- Vögel bleiben mit einer Kralle oder einem Zeh hängen; beim Versuch, sich zu befreien, reißen oder beißen sie diesen Körperteil ab
- Vögel verlieren Zehen oder Krallen infolge von Bissverletzungen durch Artgenossen oder andere Tiere; hierunter fällt auch, dass Vogelmütter gelegentlich ihren Jungen aus den Eiern helfen und ihnen dabei versehentlich Zehen abbeißen
- werden Vögel in Außenvolieren ohne frostgeschützte Bereiche gehalten, erfrieren bei Minustemperaturen zuweilen Zehen und fallen später ab
- ein Tierarzt entfernt Gliedmaße operativ, etwa nach Knochenbrüchen, schweren Quetschungen oder Absterben der Zehen (zum Beispiel weil es zu einer Einschnürung durch Spielzeugfasern oder einen eingewachsenen Fußring gekommen ist).

Im Nest wurde der junge Nymphensittich von seiner unerfahrenen Mutter gebissen und büßte dabei einen Teil seines Zehs ein. Foto: Gaby Schulemann-Maier

Manche Vögel kommen sogar ganz ohne Zehen zurecht, wie diese frei lebende Amazone eindrucksvoll beweist.
Foto: Tomoko Arai

Nahezu alle zuvor aufgeführten Ursachen können Vögel fast jedes Alters betreffen. Verletzungen durch ein Elternteil erleiden typischerweise sehr junge Tiere. Dahingegen treten viele der weiteren genannten Blessuren bei Tieren auf, die das Nest bereits verlassen haben. Zeh-Amputationen infolge einer Erfrierung sind bei im Haus gehaltenen Vögeln praktisch nie zu beobachten.

Gesundheitliche Besonderheiten

Fehlen einem Vogel mehrere Zehen teilweise oder ganz, sind die verbliebenen Zehen oder gar die Füße oft ebenso beeinträchtigt. Weil die Tiere bestimmte Bereiche ihrer Füße stärker belasten, entwickeln sich dort in vielen Fällen schmerzhafte Druckstellen. Aus diesen wiederum können chronische Geschwüre entstehen, siehe Kapitel 3.6.2. Deshalb sollten die Füße aller Vögel, denen mindestens ein Zehenglied fehlt, regelmäßig auf Rötungen oder Schwellungen kontrolliert werden.

Des Weiteren stört die Fehlbelastung mitunter das Krallenwachstum an den unversehrten Zehen. Anstatt gerade zu wachsen, verbiegen sich die Krallen. Sie müssen deshalb gepflegt werden, damit betroffene Tiere nicht hängen bleiben sowie mit den verbliebenen Krallen ausreichend Halt beim Stehen oder Klettern finden.

Herausforderungen im Alltag

Wie sehr fehlende Krallen oder Zehen einen Vogel einschränken, hängt davon ab, wie viele der acht Zehen betroffen sind. Fehlt nur ein Zeh oder lediglich die Kralle, sind die Auswirkungen auf das tägliche Leben häufig nur minimal. Beim Klettern rutschen die Tiere manchmal ab, können sich aber meist dank der restlichen intakten Zehen schnell wieder sicher festhalten. Sittiche und Papageien, die ihr Futter gern mit dem Fuß greifen, können dies für gewöhnlich trotzdem tun, sofern lediglich ein Zeh (teilweise) fehlt. Je mehr Zehen und Krallen amputiert wurden, desto ausgeprägter sind die Alltagsprobleme. Es kann für die Tiere schwierig sein, sich an Ästen, Seilen oder anderen Sitzgelegenheiten festzuhalten oder am Volieren- beziehungsweise Käfiggitter empor zu klettern. Überdies ist das Greifen von Futter kaum mehr möglich, wenn nur noch zwei nebeneinanderliegende Zehen eines Fußes intakt sind. Es bedarf zum sicheren Fixieren mindestens eines vorderen und eines hinteren Zehs.

Glücklicherweise können Vögel ihre Nahrung trotzdem zu sich nehmen, ohne sie mit dem Fuß festhalten zu müssen. Deshalb: Die Einschränkung ist zwar unschön, aber sie gefährdet das Leben der Tiere nicht. Und es gibt Vögel, die in ihrem Alltag zurechtkommen, obwohl ihnen alle Zehen fehlen.

Gegebenenfalls brauchen die Vögel aber Hilfestellungen bei der Gefiederpflege. Um bestimmte Bewegungen während der Gefiederpflege durchzuführen, müssen sich die Tiere sicher festhalten können. Außerdem fällt das Kratzen des eigenen Kopfes ohne Krallen und Zehen schwer. Deshalb sind manche Vögel, denen Zehen fehlen, auf kraulende (gefiederte) Partner angewiesen.

Tipps für die Haltung

Wenn betroffenen Tieren das Klettern infolge der Amputationen schwerfällt, bieten Sie Kletterhilfen an.

Gelbbrustara mit teilamputiertem nach hinten weisendem Zeh. Foto: Steve Douglas/Unsplash

Außerdem wissen Vögel, denen Zehen fehlen, breite und möglichst stabil angebrachte Sitzgelegenheiten sehr zu schätzen. Hier ist das Risiko geringer, abzurutschen und herunterzufallen. Sitzbrettchen oder gepolsterte Sitzgelegenheiten, siehe Kapitel 4.2, werden ebenfalls gern angenommen.

Hat ein Vogel nicht mehr sämtliche Zehen und kann gleichzeitig nicht richtig fliegen, sind Abstürze ausgesprochen gefährlich. Damit die Tiere nicht wie Steine fallen und sich beim Aufprall verletzen, polstern Sie den Boden oder spannen Sie Netze, siehe Kapitel 4.1.

Beine und Füße sind für Vögel ausgesprochen wichtig. Sie gehen, stehen und klettern mit ihnen. Papageien und einige Sittiche halten außerdem mit ihnen ihre Nahrung.

Fehlt ein Fuß oder ein Bein, können sich die Tiere nur noch hüpfend statt gehend fortbewegen. Das kostet viel Kraft. Klettern klappt nicht mehr so gut, ebenso wie das Greifen des Futters. Um das intakte Bein frei bewegen zu können, müsste sich der Vogel hinlegen. Wie massiv eine Amputation einen Vogel beeinträchtigt, hängt davon ab, wie viel des Körperteils fehlt. Dies erläutern wir im folgenden Text.

Ursachen

In vielen Fällen verlieren Vögel einen Fuß oder gar ein Bein als Folge äußerer Gewalteinwirkung. Daneben gibt es einige weitere Gründe:

- (offene) Knochenbrüche, die operativ nicht behandelbar sind
- ein anderes Tier beißt Fuß oder Bein ab
- der Vogel verletzt sich selbst, um sich etwa nach Hängenbleiben zu befreien
- chronische Sohlengeschwüre (Pododermatitis ulzerosa), die gegebenenfalls die Knochen in Mitleidenschaft gezogen haben
- nicht heilende massive Gewebeverletzungen am Bein/Fuß
- Gliedmaße sterben ab, zum Beispiel durch Erfrieren oder infolge einer Einschnürung; diese kann unter anderem ausgelöst werden durch einen zu eng sitzenden oder eingewachsenen Fußring beziehungsweise durch Seilfasern aus Spielzeugen, die sich um das Bein gewickelt haben
- Tumoren am Bein/Fuß.

Nahezu alle oben aufgeführten verletzungsbedingten Ursachen können Vögel fast jedes Alters betreffen. Tumoren entstehen hingegen bei jungen Tieren eher selten.

Der Halter dieses jungen Katharinasittichs hatte versucht, mit Bandagen die Spreizbeine des Jungvogels selbst zu korrigieren. Folge: Der linke Fuß starb ab. Foto: Sigrid März

Gesundheitliche Besonderheiten

Wurde ein Fuß oder Bein (teilweise) amputiert, kann der betroffene Vogel fortan nur noch auf dem verbliebenen Bein stehen. Hierdurch bilden sich leicht

Diesem Wellensittich musste das rechte Bein amputiert werden. Foto: Renate Beyer

schmerzhafte Druckstellen unter dem Fuß, siehe Kapitel 3.6.2. Er ist nicht dafür ausgelegt, permanent das gesamte Körpergewicht tragen zu müssen. Manchmal ist ein Beinstumpf so lang, dass der Vogel sich darauf abstützen kann. Dann können sich am unteren Ende ebenfalls Druckstellen und Entzündungen bilden. Kontrollieren Sie deshalb unbedingt regelmäßig die Haut unter dem verbliebenen Fuß beziehungsweise am Ende des Beinstumpfes.

Betroffene Vögel klettern zumeist unter Einsatz ihres Beinstumpfes, indem dieser seitlich aufgelegt wird. Das belastet die Haut, sodass mitunter Abschürfungen oder lokale Entzündungen die Folge sind.

Beim Landen sind Vögel mit nur einem intakten Bein und Fuß einem erhöhten Unfallrisiko ausgesetzt. Sie können leicht das Gleichgewicht verlieren und stürzen. Dasselbe gilt beim Klettern. Weil das verbliebene Bein dauerhaft falsch belastet wird, wachsen oftmals die Krallen schief und sollten gepflegt werden. Gern legen sich Vögel mit nur einem intakten Bein bäuchlings hin, um die verbliebene Gliedmaße vorübergehend zu entlasten. Geschieht dies häufig, können sich am Brustbein wunde Stellen oder schmerzhafte Liegegeschwüre bilden.

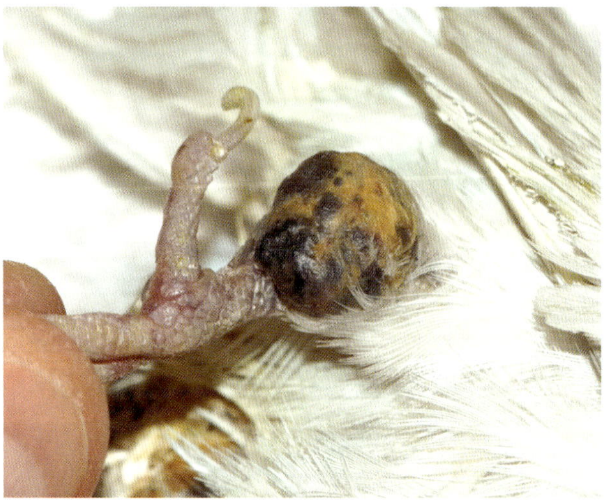

Manche Vögel entwickeln an den Beinen oder Füßen Tumoren. Oft ist die Amputation des Körperteils erforderlich. Foto: Gaby Schulemann-Maier

Obwohl ein Teil des linken Beines amputiert werden musste, kommt dieses Schwarzköpfchen gut zurecht. Foto: Gabi Hoensch

Herausforderungen im Alltag

Viele einseitig fuß- oder beinamputierte Vögel haben nicht nur Probleme beim Laufen und Klettern. Brütende Vogelweibchen sind mit weiteren Schwierigkeiten konfrontiert, die vor allem den Nachwuchs betreffen: Normalerweise stützen sie sich beim Wärmen der Eier oder frisch geschlüpften Jungen mit beiden Füßen ab. Fehlt ein Fuß, verlagern sie ihr Gewicht zuweilen auf die Eier oder die Jungtiere. Hierdurch können sehr junge Vögel wegen des Drucks Fehlbildungen des Skeletts entwickeln. Es treten Deformationen der Wirbelsäule auf und/oder die Hüftgelenke kugeln aus. Deshalb gilt es abzuwägen, ob ein beinamputiertes Vogelweibchen tatsächlich brüten sollte oder nicht.

Die Gefiederpflege fällt manchen Vögeln nach Beinamputationen nicht mehr so leicht wie zuvor. Weil sie sich kaum mehr festhalten können, haben sie keinen sicheren Stand beim Putzen der Federn und können sich außerdem nicht mehr richtig selbst am Kopf kratzen.

Verliert ein Vogel infolge von Amputationen beide Füße oder Beine, sind die Konsequenzen ungleich schwerwiegender. Entweder bewegen sich diese Tiere fliegend fort oder sie liegen auf dem Bauch. Ziehen sie sich dabei mit dem Schnabel voran, können rasch wunde Stellen an Brust und Bauch entstehen. Vögel ohne Beine werden leicht zum Ziel von Angreifern, sodass ein Leben mit Artgenossen schwierig sein kann. Springt etwa ein aggressiver Vogel auf ihren Rücken, sind sie nahezu wehrlos und können sich kaum verteidigen.

Tipps für die Haltung

Fuß- und beinamputierten Vögeln sollten Sie breite und stabile Kletterhilfen anbieten. Diese erlauben es ihnen, mithilfe ihres gegebenenfalls verbliebenen Beinstumpfes voranzukommen. Ideal sind hier nicht zu steile Rampen oder leiterähnliche Kletterhilfen mit weichen Sprossen, damit der Beinstumpf nicht wund wird. Mehr dazu gibt es in Kapitel 4.3.

Weiche Liegebrettchen – wie in Kapitel 4.4 beschrieben – helfen den Vögeln, sich zu entspannen. Die gepolsterte Oberfläche reduziert gleichzeitig das Risiko, dass wunde Stellen an Brust und Bauch entstehen.

Gegebenenfalls kann es ratsam sein, den Boden des Käfigs/der Voliere sowie des Freiflugzimmers zu polstern, siehe Kapitel 4.1. Denn einige beinamputierte Vögel neigen dazu, abzustürzen. Insbesondere bei Tieren, die obendrein nicht richtig fliegen können, ist diese Schutzmaßnahme essenziell.

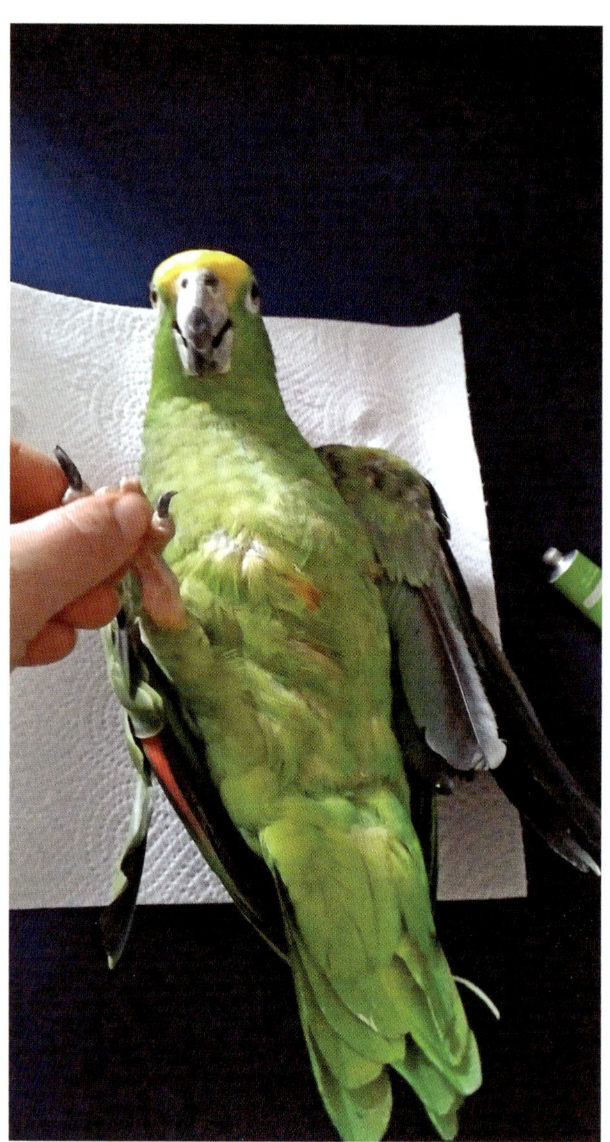

Sind Heimvögel zutraulich – wie diese Gelbscheitelamazone –, kann die Halterin nach der Amputation des linken Vogelbeins stressfrei die Wunde versorgen. Foto: Brigitte Siebler

Zwar mögen die meisten Vögel eigentlich zum Fliegen geboren sein. Doch manche Tiere ereilt ein trauriges Schicksal und sie müssen mit den Folgen einer Flügelamputation zurechtkommen. Ihre Flugfähigkeit ist gravierend eingeschränkt. Auch wenn nur ein kleiner Teil eines Flügels amputiert wird, kann der betroffene Vogel anschließend nicht mehr so gut fliegen wie zuvor. Für gewöhnlich bedeutet eine Flügelamputation sogar, dass der Vogel überhaupt nicht mehr (koordiniert) fliegen kann.

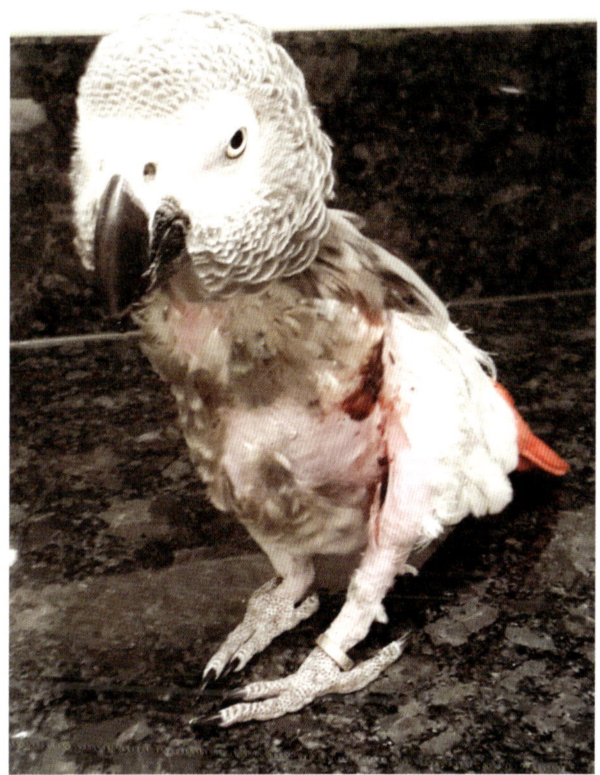

Weil Tumoren in seinen Flügeln wuchsen, mussten diese amputiert werden. Außerdem ist dieser Graupapagei an einem chronischen Hautekzem erkrankt. Foto: Sylvia di Silvestro

Ursachen

Mehrheitlich verlieren Vögel einen Flügel oder einen Teil dieser Gliedmaße aufgrund einer Erkrankung oder Verletzung. Folgende Gründe sind besonders häufig:

- (offene) Knochenbrüche, die operativ nicht behandelbar sind
- Abbeißen des Flügels durch ein anderes Tier
- brutales und zumeist illegales Flügelstutzen durch Menschen
- Entstehung nicht heilender Ekzeme oder Tumorbildung am Flügel mit daraus resultierender Operation zum Abnehmen des Flügels.

Tumoren entstehen nur selten bei jungen Tieren, dasselbe gilt für nicht heilende Ekzeme. Knochenbrüche können Vögel jedes Alters treffen. Ein Sonderfall ist es, wenn Jungvögel im Nest von erwachsenen Vögeln oder ihrer Mutter angegriffen werden und dabei eine Flügelamputation erleiden. Zudem können Säugetiere wie Hunde oder Katzen durch ihre Bisse Flügel amputieren. Obwohl das Flügelstutzen in Deutschland verboten ist, verstümmeln manche verantwortungslosen Halter ihre Vögel absichtlich, damit die Tiere vermeintlich „leichter zu handhaben“ sind. Einige schneiden nur die Federn ab, andere amputieren ganze Flügelteile. Dieses grausame Vorgehen ist ein massiver Verstoß gegen das Tierschutzgesetz.

Gesundheitliche Besonderheiten

Nach einer Flügelamputation sind betroffene Vögel verstärkt unfallgefährdet. Oft verletzen sie sich bei Stürzen oder Zusammenstößen mit Gegenständen. Sind beide Flügel betroffen, fallen die Vögel mehr oder minder ungebremst zu Boden, wenn sie ins Straucheln geraten oder zu fliegen versuchen. Platzwunden, Prellungen, Schnabel- und Knochenbrüche können die Folge sein.

Einseitig flügelamputierten Vögeln ergeht es wenig besser. Obwohl sie noch einen intakten Flügel haben, können sie nicht mehr zielgerichtet fliegen. Vielmehr drehen sie sich im Kreis und geraten oftmals dermaßen stark ins Trudeln, dass sie noch in der Luft zum Beispiel gegen die Kanten von Möbeln oder gegen Wände prallen. Bei ihnen ist die Gefahr unfallbedingter Verletzungen deshalb sehr groß.

Herausforderungen im Alltag

Es ist wichtig, flügelamputierte Vögel so zu halten, dass sie am besten gar nicht erst zu fliegen versuchen. Insbesondere in der Zeit unmittelbar nach dem (teilweisen) Verlust eines Flügels haben sich viele Vögel noch nicht gemerkt, dass sie nicht mehr fliegen können. Unterstützen Sie Ihren Vogel in dieser Gewöhnungsphase und sorgen Sie dafür, dass er sich möglichst nicht verletzt.

Manche Vögel scheinen es nie zu lernen, dass sie ihre Flugfähigkeit verloren haben. Besonders einseitig flügelamputierte Vögel kreiseln oftmals unkontrolliert umher. Bei so manchem Halter kommt da der Gedanke auf, die Federn am gesunden Flügel ebenfalls zu stutzen. Ein anschließend gänzlich flugunfähiger Vogel würde dann zwar abstürzen, sich aber bei Flugversuchen nicht mehr unvorhersehbar im Kreis drehen. Unter Umständen ist das für Halter und Vogel praktikabler und das Verletzungsrisiko sinkt.

Federn zu beschneiden, ist in Deutschland jedoch verboten, da es sich um eine absichtliche Verstümmelung handelt. Es sollte dringend mit einem fachkundigen Tierarzt erörtert werden, was im Einzelfall sinnvoll ist und ob ein triftiger Grund für dieses Vorgehen vorliegt. Gegebenenfalls kann ein flügelamputierter Vogel so vor weiteren Verletzungen geschützt werden, was der Tierarzt entsprechend bescheinigen kann.

Dieser Timneh-Graupapagei hat deformierte Flügel, mit denen er nicht mehr fliegen kann. Foto: Christiane Pett

Obwohl Flügelstutzen verboten ist, schnitt der frühere Halter dieses Wellensittichs einen Teil des linken Flügels ab. Foto: Gaby Schulemann-Maier

Tipps für die Haltung

Damit flügelamputierte Vögel sich im Käfig, in der Voliere und im Freiflugzimmer bei Stürzen nicht verletzen, sollte Sie den Boden polstern, siehe Kapitel 4.1. Für einseitig flügelamputierte Vögel wiederum sollten Sie das Freiflugzimmer umgestalten oder harte Möbelkanten mit weichem Polstermaterial bekleben. Das verhindert, dass die Vögel sich bei Flugversuchen verletzen.

Weitere Anregungen für die Haltung infolge einer Flügelamputation flugunfähiger Vögel finden Sie im Kapitel 3.2.1.

Kapitel 3.4 · Fehlstellungen und Lähmungen der Gliedmaßen

Der Vogelkörper ist für bestimmte Bewegungsabläufe optimiert – beispielsweise fürs Fliegen. Viele Vögel mit fehlgestellten oder gelähmten Gliedmaßen können sich nicht artentsprechend bewegen. Offensichtlich ist das bei den Flügeln. Sind dagegen Zehen betroffen, gleichen viele Vögel das im Alltag problemlos aus. Doch so oder so – wir Menschen können unsere von diesem Schicksal betroffenen gefiederten Mitbewohner mit einfachen Mitteln unterstützen. Dann führen sie in vielen Fällen trotz eventuell vorhandener Fehlstellungen oder Lähmungen ihrer Gliedmaßen ein möglichst beschwerdefreies Leben ohne allzu große Einschränkungen oder gar Schmerzen. Um vor allem langfristig helfen zu können, sollten wir aber die Herausforderungen kennen, denen sich diese Vögel stellen müssen.

Sind die Zehen schief, fällt das Festhalten an Ästen schwer. Foto: Gaby Schulemann-Maier

Gelähmte oder fehlgestellte Beine, Füße und Zehen beeinträchtigen einen Vogel im Alltag mitunter erheblich. Wir stark das Tier eingeschränkt ist, hängt davon ab, wie schwer eine Fehlstellung ist und ob ein Bein oder beide untere Extremitäten betroffen sind.

Auf den ersten Blick scheint es, dass eine Fehlstellung der verhältnismäßig kleinen Zehen für einen Vogel weniger Probleme nach sich zieht als eine anatomisch nicht korrekte Stellung eines Beines. Das allerdings kann ein Trugschluss sein: Ist ein Bein leicht in sich verbogen, gleichen die Tiere dies zumeist besser aus als verdrehte Zehen. Sie mögen klein sein, sind für die Vögel aber beim Greifen und somit beim sicheren Stehen auf Ästen sehr wichtig.

Es kommt also auf den Einzelfall an, inwieweit fehlgestellte untere Extremitäten den Vogel beeinflussen. Steht beispielsweise ein Bein seitlich ab – oder sogar beide Beine –, schränkt dies betroffene Vögel körperlich stark ein. Diesen besonders gravierenden Spezialfall nennt man Spreizbeine, siehe Kapitel 3.4.2.

Ursachen

Dass sich Beine, Füße oder Zehen eines Vogels nicht in der anatomisch korrekten Position befinden oder nicht mehr bewegen lassen, ist in etlichen Fällen auf eine der folgenden Ursachen zurückzuführen:

- Gliedmaße (meist die Zehen) sind gelähmt, hervorgerufen durch neurologische Erkrankungen, Infektionen oder Vergiftungen beziehungsweise Nervenquetschungen infolge von Tumoren oder eingewachsenen Fußringen
- Unfälle mit Gelenkverletzungen, gerissenen Sehnen oder Knochenbrüchen, die schlecht oder schief verheilen
- Knochen sind verbogen, etwa aufgrund von Nährstoffmangel während des Wachstums (sogenannte Rachitis) oder durch eine Deminieralisierung ausgewachsener Knochen (Osteomalazie); beides wird typischerweise durch einen Vitamin-D-Mangel ausgelöst oder gefördert.

Grundsätzlich können Vögel jedes Alters fehlgestellte oder gelähmte Beine, Füße und/oder Zehen zeigen. Tumorbedingte Beschwerden treten hauptsächlich bei älteren Vögeln auf.

Gesundheitliche Besonderheiten

Schiefe beziehungsweise gelähmte Beine, Füße oder Zehen belasten beim Stehen, Laufen und Klettern die Gelenke sowie die Haut an unüblichen Stellen übermäßig stark. Insbesondere wenn der betroffene Vogel zusätzlich übergewichtig ist, steigt das Risiko für Folgeerkrankungen der Haut und des Bewegungsapparates.

Sind Gelenke verstärkt belastet, entwickeln die Tiere oftmals früh in ihrem Leben eine Arthrose (starke Gelenkabnutzung) oder Arthritis (Gelenkentzündung). Beides ist ausgesprochen schmerzhaft. Es gilt demnach, der Entstehung möglichst vorzubeugen. Leiden Vögel bereits unter Arthrose oder Arthritis, ist oft eine Schmerztherapie angeraten. Diese ist grundsätzlich mit einem erfahrenen Vogeltierarzt abzustimmen. Des Weiteren bilden sich an übermäßig stark belasteten Stellen der Füße und/oder Beine leicht Hautrötungen und später

Druckgeschwüre, siehe Kapitel 3.6.2. Unbehandelt breiten sich Entzündungen weiter aus und greifen das Bindegewebe sowie mitunter die Knochen an. Geschwüre sollten deshalb behandelt und beanspruchte Beine sowie Füße entlastet werden.

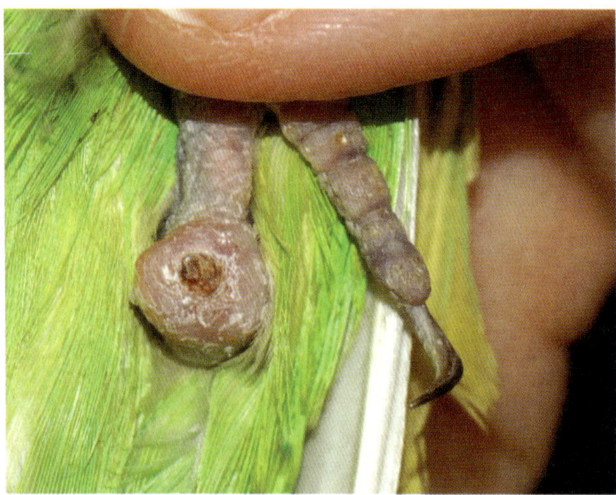

Druckgeschwüre unter den Füßen oder an den Beinen entstehen oft durch Fehlstellungen oder Lähmungen der unteren Extremitäten. Foto: Gaby Schulemann-Maier

Oft liegen Krallen nicht richtig auf, wenn ein Vogel mit Bein- oder Zehenfehlstellung beziehungsweise Lähmung eine Sitzgelegenheit umgreift. Manchmal wachsen die Krallen dann schief oder wie ein Korkenzieher in sich verdreht. Außerdem tendieren sie wegen fehlender Abnutzung dazu, viel zu lang zu werden. Überwachen Sie die Krallen deshalb und lassen Sie sie bei Bedarf kürzen. Sonst verletzen sich die Tiere unter Umständen, wenn sie irgendwo hängen bleiben. Ein fachkundiger Tierarzt sollte außerdem sicherheitshalber

Nach einer Bänderverletzung sind die Zehen des Katharinasittichs steif und gelähmt. Foto: Gaby Schulemann-Maier

überprüfen, ob die Bein- oder Zehenfehlstellung beziehungsweise Lähmung der alleinige Grund für übermäßig wachsende oder unnatürlich geformte Krallen ist. Möglicherweise liegt zusätzlich eine Erkrankung der Organe (zumeist der Leber) vor, die behandelt werden muss.

Herausforderungen im Alltag

Das Wichtigste für betroffene Vögel ist, dass sie Sitzgelegenheit und Ruheplätze haben, die an ihre speziellen Bedürfnisse angepasst sind. Auf gewöhnlichen Ästen oder Sitzstangen könne sich die Tiere nur schwer oder gar nicht halten. Gleichzeitig ist darauf zu achten, dass sie nicht ständig auf ebenem Untergrund stehen oder

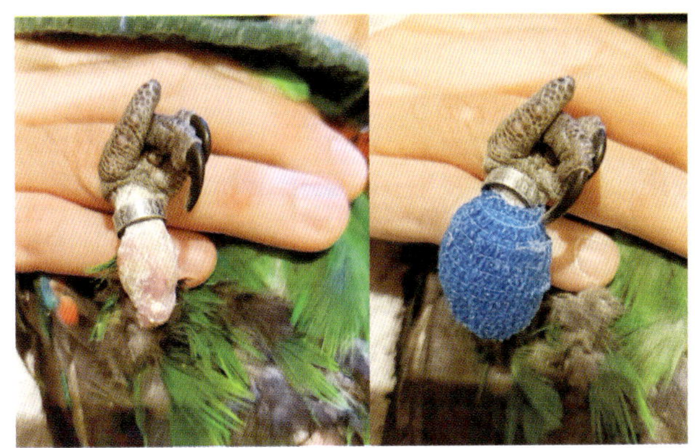

Wegen einer starken Fehlstellung der Beine braucht dieser Edelpapagei Schutzbandagen, damit keine schmerzhaften Druckstellen entstehen. Foto: Karin Pfleger

liegen. Denn das fördert Druckstellen, siehe Kapitel 3.6.2. Neben angepassten Sitzmöglichkeiten können in manchen Fällen Bandagen an den Beinen die Haut schützen. Einige Vögel können zusätzlich schlecht fliegen, weshalb sie Kletterhilfen benötigen, die wiederum trotz der die Beine und Füße betreffenden Einschränkungen für sie nutzbar sind.

Bieten Sie Futter und Wasser so an, dass die Tiere vor oder an den Näpfen trotz ihrer Beinfehlstellung Halt finden und in entspannter Körperhaltung Nahrung zu sich nehmen können.

Ob Vögel mit Beinfehlstellungen oder -lähmungen brüten und Nachwuchs großziehen sollten, ist im Einzelfall kritisch zu prüfen. Unter Umständen sind die Tiere wegen ihrer körperlichen Einschränkungen damit überfordert, sich um mehrere Junge zu kümmern. Eine allgemeingültige Regel gibt es hierbei aber nicht.

Tipps für die Haltung

Vögel mit Bein- oder Fußfehlstellungen beziehungsweise Lähmungen nehmen gern breite Rampen als Kletterhilfen an, siehe Kapitel 4.3. Darüber hinaus mögen sie ebene Ruheplätze, wie sie in Kapitel 4.4 vorgestellt werden. Sie können zum Beispiel aus Kork bestehen – da ist der Schredderspaß gleich inklusive. Ebenfalls begehrt sind Hängematten aus Naturmaterialien. Darauf können die Tiere trotz ihrer Bein- oder Zehenfehlstellungen gut stehen beziehungsweise bäuchlings liegen.

Sind die Beine und Füße so schief, dass die Zehen nach innen gedreht sind, stehen viele Vögel lieber auf ebenem Grund als auf Ästen. Foto: Gaby Schulemann-Maier

Zu bedenken ist ferner, dass die Vögel beim Klettern abstürzen könnten. Haben sie zusätzlich Schwierigkeiten mit dem Fliegen, ist eine Bodenpolsterung oder das Anbringen von Sicherheitsnetzen ratsam, siehe Kapitel 4.1.

Kapitel 3.4.2 · Spreizbeine

Bei Spreizbeinen befinden sich die Beine eines Vogels nicht in der anatomisch korrekten Stellung, sondern stehen seitlich ab. Je stärker diese Fehlstellungen sind, umso größer sind die Beeinträchtigungen im Alltag. Stehen beide Beine seitlich stark ab, gehört dies zu den schwerwiegendsten Handicaps, die es bei Vögeln gibt.

Ursachen

Spreizbeine bilden sich für gewöhnlich, weil an ungünstiger Stelle Druck auf den Körper ausgeübt wird, der nicht einmal allzu groß sein muss. Mögliche Ursachen sind:

- Unfälle mit Hüftverletzungen, zum Beispiel wenn die Hüfte ausgekugelt wird
- verdrehte Beine oder Hüften bei Jungvögeln, wenn deren Mutter oder ältere Geschwister im Nest permanent auf ihnen liegen und/oder der Untergrund dort zu glatt ist.

Nur relativ selten entwickeln sich Spreizbeine bei älteren beziehungsweise voll ausgewachsenen Vögeln. Mehrheitlich entsteht dieses Handicap im Alter weniger Tage. In vielen Fällen können Tierärzte Spreizbeine bei jungen Vögeln korrigieren, wenn die Behandlung so früh wie möglich begonnen wird. Später ist das schwieriger bis unmöglich.

Gesundheitliche Besonderheiten

Steht nur ein Bein seitlich ab, stellen sich die Tiere die meiste Zeit auf die normal ausgerichtete untere Extremität. Darunter leidet der eigentlich gesunde Fuß, möglicherweise entwickeln sich Druckgeschwüre. Außerdem werden die Gelenke übermäßig beansprucht und es kann in relativ jungen Jahren zu Gelenkentzündungen (Arthritis) oder Gelenkverschleiß (Arthrose) kommen.

Sind beide Beine betroffen, liegen die Vögel einen Großteil der Zeit auf dem Bauch. Dabei verlagern sie unter Umständen einen Teil des Gewichts auf die Innenseite der Beine. Sowohl dort als auch an der Haut am Brustbein – also dem mittig im Brustbereich verlaufenden Knochen – entstehen so häufig schmerzhafte Druckgeschwüre (Dekubitus). Sie sind vergleichbar mit Liegegeschwüren, die sich bei bettlägerigen Menschen am Rücken und an der Rückseite der Beine bilden.

Vögel mit einer stark ausgeprägten Beinfehlstellung legen sich häufig hin und an der Brust entstehen schmerzhafte Druckgeschwüre. Foto: Gaby Schulemann-Maier

Vögel mit Spreizbeinen finden beim Klettern kaum sicheren Halt. Sie stürzen deshalb leichter ab und ziehen sich Verletzungen wie Prellungen, Platzwunden oder Knochenbrüche zu.

Wenn Vögel streiten, beißen sie einander gern in die verletzlichen Füße. Für ihre Kontrahenten sind die Beine und Füße der Spreizbein-Vögel umso leichter zu erreichen, weshalb entsprechende Bisswunden leider keine Seltenheit sind.

Nachdem das Wellensittichweibchen Streit mit einer Artgenossin angefangen hatte, biss diese in den für sie leicht erreichbaren linken Fuß. Foto: Gaby Schulemann-Maier

Herausforderungen im Alltag

Insbesondere Jungvögel mit stark ausgeprägten Spreizbeinen lernen häufig nicht, mit ihren Füßen zu greifen. Denn sie liegen zumeist auf dem Bauch und beanspruchen ihre Füße nicht. Dadurch verkümmert die Muskulatur und die Tiere kommen später schlecht zurecht. Je früher der Halter mit betroffenen Vögeln trainiert, desto wahrscheinlicher ist eine Verbesserung der Beweglichkeit der Füße. Hierfür gibt es krankengymnastische Übungen. Die Trainingseinheiten verlaufen besonders positiv, wenn die Tiere keine Angst vor Berührungen haben und nicht unter Schmerzen leiden. Entsprechend viel Fingerspitzengefühl ist gefragt. Zudem lohnt es sich, einen Tier-Physiotherapeuten zurate zu ziehen oder sich zumindest mit einem Vogeltierarzt auszutauschen.

Stehen beide Beine stark zur Seite, stören sie unter Umständen beim Fliegen. Wann immer der Vogel die Flügel nach unten bewegt, stoßen sie gegen die Beine. Das erschwert flüssige Flugbewegungen oder macht sie völlig unmöglich. Deshalb sind etliche von Spreizbeinen betroffene Vögel zusätzlich nur bedingt flugfähig oder gänzlich flugunfähig. Sie müssen alle für sie wichtigen Dinge, wie zum Beispiel Futternäpfe, kletternd oder robbend (unter Einsatz des Schnabels) erreichen können. Natürlich leben Spreizbein-Vögel gern in Gesellschaft von Artgenossen. Bei Rangeleien sind sie diesen aber unterlegen. Außerdem können sie Männchen nicht abschütteln, die sich auf ihren Rücken stellen, um sich mit ihnen zu paaren. Mitunter setzen Männchen dies als Dominanzgeste gegenüber gehandicapten männlichen Artgenossen ein. Weibliche Vögel werden regelrecht zum Paarungsakt gezwungen. Denn wenn die Männchen zum Beispiel auf den Flügeln stehen, können die unterlegenen Tiere nicht davonfliegen. Werden Spreizbein-Vögel ständig derart genötigt, führt dies nicht selten zur psychischen Traumatisierung.

Tipps für die Haltung

Um sicherzustellen, dass die Spreizbein-Vögel nicht von ihren Artgenossen gemobbt werden, sollten Sie die Tiere stets gut im Blick behalten. Möglicherweise ist es nötig, den Schwarm anders zusammenzusetzen oder die gehandicapten Vögel mit mindestens einem freundlichen Artgenossen zu separieren.

Weiche Liegemöglichkeiten zum Ausruhen vermeiden Druckgeschwüre am Brustbein sowie an den Beinen, siehe Kapitel 4.4.

Auf großen Weidenkugeln finden Vögel, deren Beine seitlich abstehen, in vielen Fällen Halt. So können sie sich bequem hinstellen, manchmal sogar mit leicht aufgerichtetem Oberkörper.

Falls die Tiere zusätzlich nicht fliegen können, helfen vielfältige Klettermöglichkeiten wie Netze und dergleichen. Im Idealfall befinden sich darunter aus Sicherheitsgründen weitere Netze oder ein gepolsterter Boden, siehe Kapitel 4.1.

Wählen Sie frei stehende Futternäpfe mit einem niedrigen Rand und stellen Sie sie auf eine ebene Fläche. Vögel mit abstehenden Beinen können davor liegen und den Kopf über die Kante heben. Bei hohen Rändern ist es für sie hingegen schwierig, aus den Näpfen zu fressen und zu trinken.

Viel höher dürfte der Rand des Futternapfes nicht sein ...
Foto: Gaby Schulemann-Maier

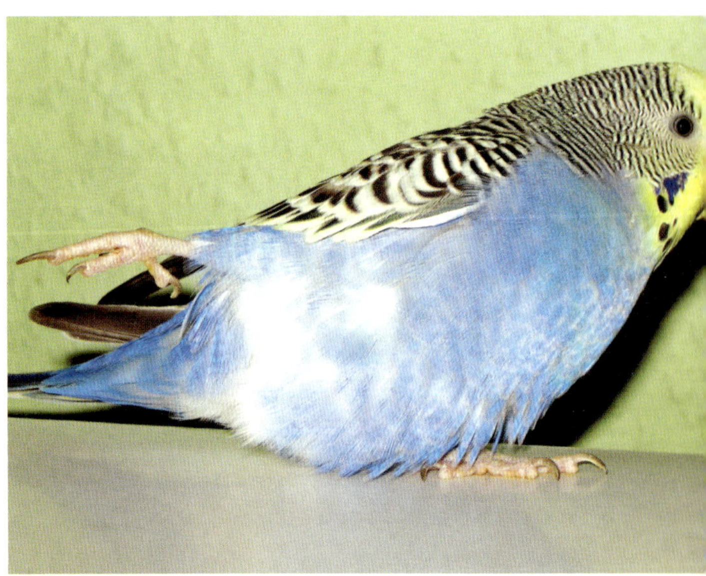

Spreizbeine schränken betroffene Vögel beim Gehen, Stehen und Klettern massiv ein. Foto: Gaby Schulemann-Maier

Nur durch intensive Krankengymnastik lernte dieser Wellensittich zu greifen und findet deshalb jetzt wieder Halt. Foto: Gaby Schulemann-Maier

Badegelegenheiten sollten groß sein, damit die Beine seitlich nicht anstoßen. Befüllen Sie sie mit wenig Wasser und legen Sie ein flaches Stück Korkrinde hinein, auf das sich die Vögel retten können. Denn bedenken Sie: Bei einem auf dem Bauch liegenden Vogel, der ermüdet und den Kopf nicht mehr heben kann, liegt die Nase sofort im Wasser und das Tier ertrinkt! Generell sollten Sie Spreizbein-Vögel nie unbeaufsichtigt baden lassen.

Kapitel 3.4.3 · Fehlstellungen und Lähmungen der Flügel

Bei den allermeisten Vögeln, deren Flügel eine Fehlstellung aufweisen, ist die Flugfähigkeit erheblich eingeschränkt. Manche Tiere können noch ein wenig flattern und so gewissermaßen gebremst abstürzen, ohne allzu hart aufzuschlagen. Einigen gelingt es sogar, beim Fliegen geringfügig an Höhe zu gewinnen. Handelt es sich um schwerwiegende Fehlstellungen, ist das Fliegen zumeist nicht mehr möglich. Dies gilt ebenso für Vögel mit Lähmungen der Flügel.

Ursachen

Mehrheitlich sind Fehlstellungen und/oder Lähmungen der Flügel auf folgende Ursachen zurückzuführen:

- Lähmung infolge neurologischer Erkrankungen, Infektionen oder Vergiftungen
- schiefe Wirbelsäule und dadurch bedingte Fehlstellung der Flügel (Schultergelenke), hervorgerufen zum Beispiel durch Mangelernährung in der Wachstumsphase (sogenannte Rachitis)
- Unfälle mit Gelenkverletzungen, gerissenen Sehnen oder Knochenbrüchen, die schlecht beziehungsweise schief verheilen.

Grundsätzlich können Vögel jedes Alters von Fehlstellungen oder Lähmungen der Flügel betroffen sein.

Über die gesundheitlichen Besonderheiten und Herausforderungen im Alltag berichten wir ausführlich in Kapitel 3.2.1. Dort finden sich außerdem Tipps für die Haltung flugunfähiger Vögel.

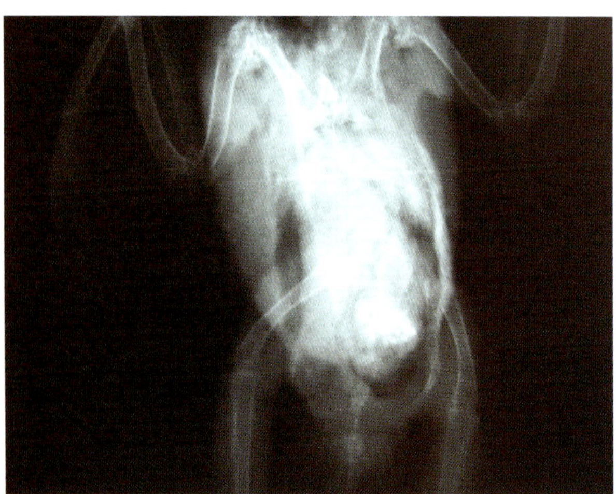

Röntgenbild eines Wellensittichs mit schiefer Wirbelsäule. Er kann seine Flügel nicht richtig bewegen und ist flugunfähig. Foto: Gaby Schulemann-Maier

Von Mangelernährung und einem schief verheilten Flügelbruch gezeichneter Wellensittich. Foto: Gaby Schulemann-Maier

Zahlreiche Menschen empfinden Befiederungsstörungen in erster Linie als „kosmetisches Problem" – die betroffenen Vögel sehen nicht so „schön" aus wie Artgenossen mit intaktem Gefieder. Allerdings leiden Vögel mit stark beschädigtem Federkleid mitunter körperlich, etwa wenn sie in ihrer Fortbewegung eingeschränkt sind und sich deshalb Unfälle ereignen.

Grundsätzlich können Vögel jedes Alters von Befiederungsstörungen betroffen sein. Deshalb können auch Halter, die einen – zumindest augenscheinlich – gesunden Vogel zu sich holen, einige Zeit später mit dieser komplexen Thematik in Berührung kommen.

Einige mögliche Gründe für das Auftreten von Befiederungsstörungen sind:

- Virusinfektionen (Circoviren und Polyomaviren)
- Federrupfen
- Infektionen der Haut, verursacht durch Pilze oder Bakterien, mit anschließendem Federverlust
- Parasitenbefall, beispielsweise Federlinge und Federmilben
- Vergiftungen
- Fehl- beziehungsweise Mangelernährung
- Organschädigungen, vor allem Leber und Nieren betreffend
- hormonelle Störungen.

Oftmals ist es möglich, durch bestimmte Maßnahmen den Gefiederzustand der Vögel zu verbessern. Dies gilt beispielsweise bei Befiederungsstörungen, die durch

„Federrupfer" reißen sich oft nur kleine Federn aus und bleiben zumeist flugfähig. Foto: Gaby Schulemann-Maier

Fehl- oder Mangelernährung hervorgerufen wurden. Optimiert der Halter die Ernährung, wachsen langfristig häufig gesunde Federn nach.

Federrupfer davon abzubringen, sich selbst zu verstümmeln, ist hingegen deutlich schwieriger. Allerdings reißen sich viele dieser Vögel nur kleine Federn aus, sodass sie trotzdem flugfähig bleiben. Dennoch begünstigt Federrupfen weitere chronische körperliche Einschränkungen wie Hautekzeme und Entzündungen, die im Alltag problematisch sein können.

Deshalb ist es wichtig, gemeinsam mit einem erfahrenen Vogeltierarzt der individuellen Ursache für das Federrupfen auf den Grund zu gehen. Denn keineswegs stecken immer psychische Gründe hinter diesem Ver-

Drei Wellensittiche, deren Gefieder durch Circoviren (PBFD) unterschiedlich stark geschädigt ist. Trotz ihrer ansteckenden Krankheit sollten solche Vögel nie allein leben müssen. Foto: Gaby Schulemann-Maier

halten. Organschäden, die wiederum zu juckender Haut führen, oder Vergiftungen sind nur zwei weitere mögliche Gründe.

Bei den meisten Heimvögeln spielen Parasiten als Ursache für Befiederungsstörungen eine untergeordnete Rolle. Ungeachtet dessen können sie in Einzelfällen zu erheblichen Schäden am Gefieder führen, wodurch sogar die Flugfähigkeit (stark) beeinträchtigt sein kann. Wurde der Parasitenbefall erfolgreich behandelt, wachsen für gewöhnlich gesunde Federn nach.

Insbesondere unter Wellensittichen sind durch Polyoma- und Circoviren verursachte Befiederungsstörungen weit verbreitet. Einige weitere Vogelarten sind hierfür ebenfalls empfänglich. Etliche Halter kennen diese Erkrankungen eher als Französische Mauser beziehungsweise Rennerkrankheit und PBFD (Psittacine Beak and Feather Disease).

Beide Viruserkrankungen sind leicht übertragbar und nicht heilbar. Deshalb stellen sie den Halter vor große Herausforderungen. Einerseits gilt es, die oft in zunehmendem Maße körperlich eingeschränkten Tiere zu unterstützen. Andererseits sollten andere Vögel den Viren nicht ausgesetzt werden. Stirbt ein Partnervogel, ist guter Rat teuer. Etliche Halter schrecken davor zurück, den verbliebenen Schützling neu zu vergesellschaften. Besser ist es jedoch, nach einem neuen Partner zu suchen, der ebenfalls mit den jeweiligen Viren infiziert ist.

In Kapitel 3.2.1 beschäftigen wir uns ausführlich mit der eingeschränkten Flugfähigkeit, die in vielen Fällen aufgrund von Verletzungen und Ähnlichem hervorgerufen wird. Sehr viele Vögel mit massiven Gefiederdefekten können aber ebenfalls nicht mehr fliegen. Diesem Thema widmen wir wegen der damit verbundenen weiteren Herausforderungen hier ein eigenständiges Kapitel.

Vom Federrupfen bis hin zu Virusinfektionen reichen die möglichen Ursachen für Befiederungsstörungen, die Folgen sind normalerweise ähnlich.

Gesundheitliche Besonderheiten

Ein robustes Gefieder schützt Haut und Körper des Vogels. Ist es nicht mehr intakt, fehlt dieser Schutz. Zwar ziehen sich befiederte flugunfähige Vögel meist auch Prellungen zu, wenn sie abstürzen. Doch Federn dämpfen den Aufprall oft zumindest ein klein wenig, die Blessuren fallen zumeist etwas geringer aus. Gleichzeitig vermeiden Federn häufig Schürfwunden. Nachvollziehbar also, dass sich insbesondere weitestgehend unbefiederte flugunfähige Vögel bei Stürzen besonders stark verletzen.

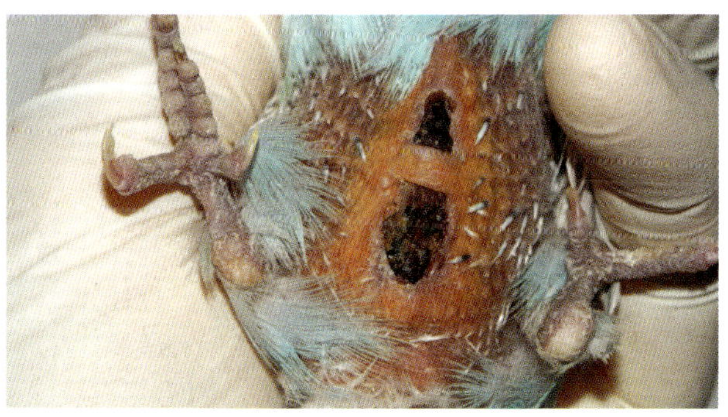

Mehrmals ist der flugunfähige Vogel abgestürzt und hat sich dabei am Brustbein schwer verletzt.
Foto: Gaby Schulemann-Maier

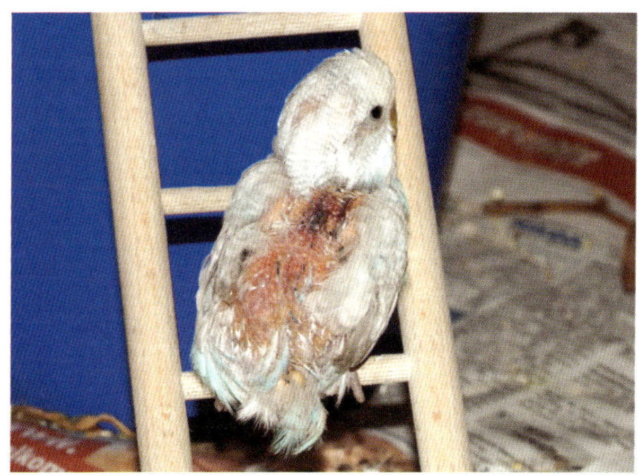

Deutlich ist hier nach einer Prellung ein Bluterguss zu sehen. Foto: Gaby Schulemann-Maier

Stürzen wenig befiederte oder weitestgehend nackte Vögel wiederholt ab, entstehen oftmals Wunden am Brustbein. Solche Blessuren schmerzen und jucken, während sie heilen. Viele Tiere bearbeiten sie deshalb mit dem Schnabel und verzögern so die Heilung. Dagegen kann ein Halskragen helfen. Den trägt der Vogel, bis die Wunde verheilt ist, sofern der behandelnde Tierarzt diese Maßnahme für erforderlich hält.

Herausforderungen im Alltag

Es ist wichtig, bei Verletzungen umgehend einzugreifen. Behalten Sie die Tiere daher immer gut im Auge. Für Sie kann der Betreuungsaufwand also recht hoch sein.

Halten Sie in Ihrer Hausapotheke Blutstiller, sterile Kochsalzlösung zum Auswaschen von Wunden, nicht reizende Wunddesinfektionsmittel, sterile Wundgaze

Flugunfähiges Wellensittichweibchen mit erheblicher Befiederungsstörung, verursacht durch PBFD. Foto: Gaby Schulemann-Maier

und saubere Einmalhandschuhe bereit. Letztere sind wichtig, wenn ein Vogel offene Wunden hat. Berühren Sie diese mit bloßen Händen, können Sie Krankheitserreger übertragen. Was beim Menschen als normale Bakterienflora auf der Haut gilt, kann in einer Platz- oder Schürfwunde eines Vogels zu Entzündungen führen. Sofern Sie keine Einmalhandschuhe nutzen (können), desinfizieren Sie vor der Behandlung eines verletzten Vogels unbedingt gründlich Ihre Hände.

Tipps für die Haltung

Für teilweise oder fast vollständig unbefiederte und flugunfähige Vögel ist eine Bodenpolsterung oder sonstige Sicherung vor Stürzen unabdingbar, siehe Kapitel 4.1. Denn rutschen sie ab, fallen sie wie Steine zu Boden und können sich dabei erhebliche Verletzungen zuziehen. Deshalb:

- achten Sie darauf, dass Stürze durch weiche Materialien abgefangen werden; das gilt im Käfig oder in der Voliere ebenso wie in Bereichen, in denen sich die Tiere außerhalb der Behausung frei bewegen
- sichern Sie Klettermöglichkeiten ab, damit die Vögel am besten erst gar nicht herunterfallen können
- vermeiden Sie wackelige Seile oder Äste; was für gesunde Vögel ein Riesenspaß ist, bringt flugeingeschränkte oder -unfähige Vögel unnötig in Gefahr.

Ausnahme: Spannen Sie unter jeder Klettermöglichkeit zusätzlich ein Netz, das fallende Tiere sicher auffängt. Je größer und schwerer der jeweilige Vogel ist, desto stabiler sollte freilich das Sicherungsnetz oder Sprungtuch sein.

Das Gefieder der Vögel erfüllt verschiedene Funktionen. Besonders wichtig: Es wärmt und erlaubt das Fliegen. Es schützt aber auch gegen äußere Einflüsse. Die Federn bilden eine weiche und trotzdem effiziente Barriere zwischen der Körperoberfläche und der Umgebung. Ist das Federkleid nicht intakt, können sich Folgeerkrankungen ergeben. Diese wiederum beeinträchtigen die Vögel im Alltag und stellen somit ein zusätzliches Handicap dar.

Ursachen

Einige gesundheitliche Probleme treten hierbei verstärkt auf. Typisch sind beispielsweise:

- trockene Haut
- Ekzeme und Geschwüre
- (gegebenenfalls selbst zugefügte) Verletzungen
- Federbalgzysten
- verstopfte und/oder entzündete Bürzeldrüse.

Gibt es keine Federn mehr zum Ausreißen, beißen sich manche Federrupfer selbst blutig. Foto: Gaby Schulemann-Maier

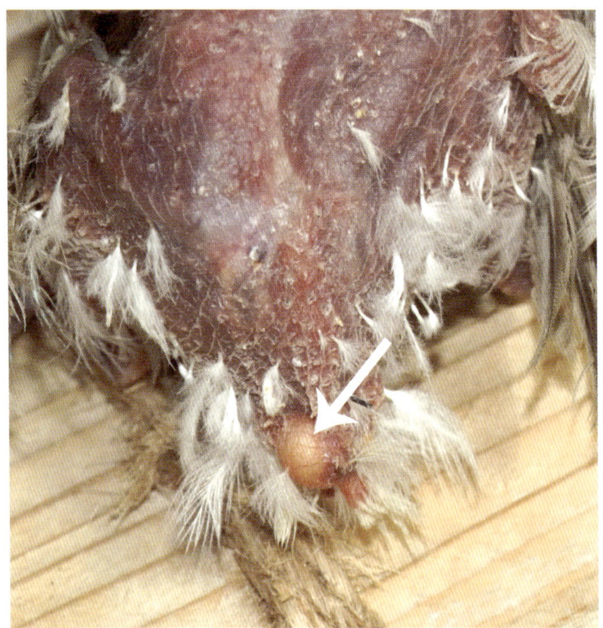

Die Bürzeldrüse eines kaum mehr befiederten Wellensittichs ist prall mit Sekret gefüllt, hier droht eine Verstopfung oder Entzündung. Foto: Gaby Schulemann-Maier

Fehlt der Schutz durch die Federn, macht sich dies zum Beispiel bemerkbar, wenn Artgenossen zubeißen. Eine befiederte Körperpartie ist dann deutlich weniger empfindlich als die nackte Haut. Außerdem besteht bei Stürzen an unbefiederten Körperpartien ein erhöhtes Verletzungsrisiko.

Nackte Haut trocknet überdies schneller aus, weshalb Ekzeme oder Geschwüre dort mit höherer Wahrscheinlichkeit entstehen als an befiederten Körperpartien. Manche Federrupfer traktieren zudem bedauerlicherweise ihre Haut, wenn es keine Federn mehr zum Ausreißen gibt. Durch wiederholtes Anknabbern entstehen blutende Wunden, die umso schlechter heilen, je häufiger der Vogel sie mit seinem Schnabel bearbeitet. Einige Vögel verlieren Federn infolge einer Virusinfektion, sie neigen zu Federbalgzysten. Weshalb diese weißlichen bis gelblichen Knoten unter der Haut bei ihnen verstärkt auftreten können, ist leicht zu erklären: Die Viren schädigen in der Haut den Federbalg. Das ist der Bereich, in dem sich die Federn bilden. Ist er zerstört, wachsen keine Federn mehr nach.

Es kann aber ebenso sein, dass der Federbalg lediglich beschädigt wird und noch teilweise arbeitet. Neue Federn wachsen dadurch nicht so, wie sie eigentlich sollten. Beispielsweise ist der Federschaft – also der

Am Flügel dieses an PBFD erkrankten Wellensittichs befinden sich mehrere sehr große Federbalgzysten. Foto: Gaby Schulemann-Maier

zentrale, etwas härte Teil – zu weich und kann die Haut nicht durchstoßen. Trotzdem entwickelt sich die Feder weiter; sie wächst in einem kleinen Hohlraum im Gewebe und zerbricht dabei. Eine käsige, relativ harte Masse entsteht im Federbalg. Solche Zysten können recht groß werden und sich entzünden. Suchen Sie deshalb die Haut betroffener Tiere regelmäßig nach gelblichen Knötchen ab. Fragen Sie gegebenenfalls einen fachkundigen Tierarzt, der die Zysten behandeln kann.

Gesundheitliche Besonderheiten

Fehlt Vögeln ein großer Teil ihres Gefieders, entfällt für sie die tägliche Pflege des Federkleids. Es gibt also keinen Grund, Sekret aus der Bürzeldrüse auf die Federn aufzutragen. Trotzdem produziert die Drüse weiterhin die ölige Substanz und füllt sich zusehends. Fließt das Sekret nicht ab, verstopft sie, ist gereizt oder entzündet sich. Für die betroffenen Tiere ist dies unangenehm und schmerzhaft.

Ein vogelkundiger Tierarzt kann eine entzündete Bürzeldrüse entleeren und behandeln. In vielen Fällen ist die Drüse hingegen lediglich wieder und wieder prall gefüllt, ohne sich zu entzünden. Trotzdem besteht Handlungsbedarf. Lassen Sie sich vom Tierarzt zeigen, wie Sie das Sekret vorsichtig herausmassieren können. Dabei sollten Sie nicht zu viel Druck ausüben. So fügen Sie dem Vogel keine Schmerzen zu und vermeiden Quetschungen in der Bürzelgegend.

Herausforderungen im Alltag

Bei spärlich befiederten Vögeln ist das Wichtigste, die Haut und noch vorhandene Federn gesund zu erhalten. Darin unterstützen Sie Ihren Schützling am besten, indem Sie ihn täglich aufmerksam beobachten. Veränderungen können Sie so frühzeitig entdecken.

Bei ängstlichen und scheuen Vögeln ist das nicht unbedingt einfach, denn sie meiden den Kontakt mit dem Menschen. Federbalgzysten und Ekzeme entstehen jedoch mitunter an Stellen, über denen die Flügel liegen. Sie sind folglich nicht so einfach zu sehen. Wer seine Tiere nicht in die Hand nehmen und genau untersuchen kann oder möchte, sondern sie lieber aus einiger Distanz betrachtet, braucht Geduld. Es kann dauern, bis die Vögel ihre Flügel heben und einen Blick auf deren Unterseite und die Flanken gewähren.

Dennoch lässt es sich manchmal nicht vermeiden, Tiere in die Hand zu nehmen, um sie zu untersuchen. Wägen Sie hier sorgfältig ab, ob der damit verbundene Stress für die Vögel vertretbar ist und das Risiko aufwiegt, anderenfalls Hautveränderungen zu übersehen.

Tipps für die Haltung

Grundsätzlich ist zu trockene Raumluft für Heimvögel ein Problem, weil sie die empfindlichen Schleimhäute der Atmungsorgane austrocknen lässt. Genauso leidet die Haut unter Trockenheit – oft vor allem bei Vögeln mit lückenhaftem Gefieder. Achten Sie deshalb auf eine ausreichend hohe Luftfeuchtigkeit. Obacht: Wie hoch die Luftfeuchtigkeit sein sollte, hängt unter anderem davon ab, welche Vogelart Sie halten. Und natürlich sollte sich kein Gebäudeschimmel bilden können.

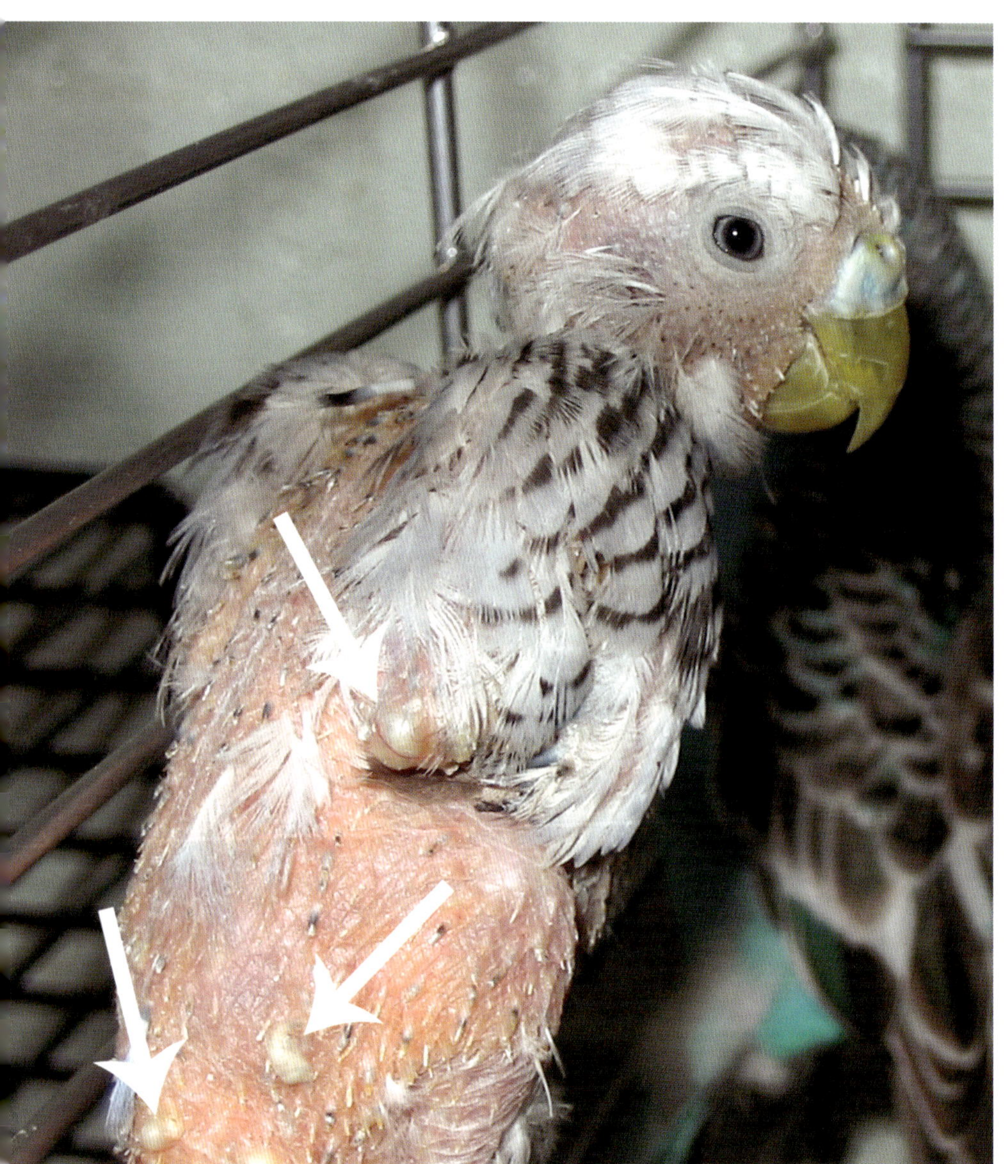

Mehrere Federbalgzysten haben sich bei diesem an PBFD erkrankten Wellensittich gebildet. Foto: Gaby Schulemann-Maier

Unbefiederte Hautpartien vorsorglich mit Cremes oder Ähnlichem zu pflegen, ist normalerweise nicht nötig. Die Haut der Vögel hat andere Bedürfnisse als unsere. Geplante Pflegemaßnahmen sollten Sie vorab mit einem vogelkundigen Tierarzt besprechen. Denn unter Umständen kann es dem Vogel sogar schaden, ihn mit Präparaten zur Hautpflege zu behandeln.

Außerdem:
Berühren Sie verletzte Vogelhaut nie mit bloßen Händen. Mit unseren Fingern übertragen wir Menschen Bakterien in die Wunden, die zu Wundheilungsstörungen oder Entzündungen führen können. Entweder Sie desinfizieren vorher die Hände gründlich oder tragen saubere Einmalhandschuhe. So übertragen Sie möglichst wenige Keime auf die verletzte Haut der Vögel.

Wegen ihrer viel zu langen Federn können Featherduster-Wellensittiche kaum bis gar nicht fliegen. Foto: Claudia Bening

Das Featherduster-Syndrom tritt bei Wellensittichen auf. Feather duster ist die englische Bezeichnung für Staubwedel und beschreibt hierbei das Aussehen der betroffenen Vögel. Am Kopf, an Brust und Flanken sowie gelegentlich am Bürzel sind ihre Federn circa vier- bis sechsmal so lang wie normalerweise üblich; Schwung- und Schwanzfedern sind zumeist „nur" doppelt so lang wie gewöhnlich.

Bisher trat diese sehr seltene Befiederungsstörung hauptsächlich bei besonders großen, für Ausstellungen gezüchteten Vögeln auf. Die Ursache wird noch diskutiert. Nach derzeitigem Erkenntnisstand handelt es sich um eine genetisch bedingte Befiederungsanomalie.

Betroffene Wellensittiche haben häufig Schwierigkeiten bei der Muskelkoordination oder in einigen Fällen Probleme, das Gleichgewicht zu halten. Somit sind diese Vögel nur bedingt flugfähig oder sogar flugunfähig. Zudem verdecken die Federn die Augen, weshalb Featherduster-Wellensittiche nicht gut sehen können. Zuweilen ist darüber hinaus das Krallenwachstum zu stark ausgeprägt. Zugleich scheint die geistige Reifung beeinträchtigt zu sein. Verfügbare Literatur beschreibt die Tiere als aggressiv, Halter berichten in vielen Fällen Gegenteiliges. Der Körper benötigt für die Federbildung enorme Mengen Energie und Nährstoffe. Daher neigen die Tiere zu Nährstoffmangel (insbesondere Eiweißmangel). Des Weiteren scheint ihr Immunsystem beeinträchtigt zu sein, sie gelten als überdurchschnittlich infektanfällig.

Meist leben Featherduster-Wellensittiche nur wenige Monate, im Durchschnitt etwa neun. Wenige werden rund ein Jahr alt oder etwas älter. Die Vögel sind unfruchtbar.

Tipps für die Haltung

Wenn Sie Featherduster-Wellensittiche aufnehmen, sorgen Sie dafür, dass das Gefieder gekürzt wird. Besonders wichtig ist das bei den Federn rund um die Augen, damit die Vögel sehen können. Welche weiteren Federn gekürzt werden sollten, besprechen Sie am besten mit einem erfahrenen Tierarzt. Wichtig ist ferner eine nährstoffreiche Ernährung.

Im Kapitel 3.2.1 finden Sie Anregungen für eine sichere Unterbringung flugunfähiger Vögel. Lesen Sie dort ebenso Hinweise auf weitere gesundheitliche Besonderheiten.

Oft wirken sich Hauterkrankungen und Folgen schwerer Verletzungen erheblich auf den Alltag und die Lebensqualität der davon betroffenen Vögel aus. Chronische Ekzeme etwa bedürfen einer regelmäßigen Behandlung. Unter Umständen müssen Vögel einen Halskragen tragen, damit sie Wunden nicht anknabbern. Entzündete oder verletzte Haut reißt leicht, wenn sie sich straff spannt. Das schränkt die Beweglichkeit massiv ein. Ähnliches gilt für Narbengewebe, das häufig weniger gut dehnbar ist als gesunde Haut.

Die Haut an der Vogelnase, die Wachshaut, kann ebenso betroffen sein. Ist die verletzt, entzündet oder von Parasiten befallen, bleiben gelegentlich vergrößerte Nasenlöcher zurück. Diese wiederum brauchen regelmäßige Pflege, denn sonst verstopfen sie leicht und die Tiere sind anfällig für Folgeerkrankungen. Solche Pflegemaßnahmen können sehr belastend sein, weil sie mit Einfangen und Anfassen verbunden sind.

Mögliche Auslöser von Hauterkrankungen, Verletzungen und Vernarbungen sind:

- Wunden infolge äußerer Gewalteinwirkung, etwa durch Flugunfälle und Beißereien (auch Selbstverletzung); derlei Wunden heilen je nach Größe und betroffenem Körperbereich gegebenenfalls nur langsam
- (chronische) Ekzeme, beispielsweise unter den Flügeln
- chronische Geschwüre und Druckstellen unter den Füßen
- Befall mit Räudemilben, der die Wachshaut schädigt und vergrößerte Nasenlöcher entstehen lässt
- Narbenbildung nach größeren Operationen oder Verbrennungen.

Nicht immer gelingt es, Hauterkrankungen auszuheilen. Manche Ekzeme sind derart hartnäckig, dass sie die Vögel über lange Zeit beeinträchtigen. Besprechen Sie mit einem erfahrenen Vogeltierarzt, wie Sie Ihren Schützlingen das Leben so angenehm wie möglich gestalten können.

Bei einer großflächigen Verletzung entsteht in vielen Fällen dünnes Narbengewebe, das schon bei leichten Berührungen einreißt. Hier helfen Schutzverbände, die Sie – zumindest an manchen Stellen des Körpers – auch über einen längeren Zeitraum anlegen können. Außerdem: „Schuhe“ aus Verbandsmaterial nehmen in einigen Fällen an den Füßen den Druck von Sohlengeschwüren. Dagegen verschlimmern Verbände die Situation bei nässenden Wunden und Ekzemen eher und fördern Entzündungen.

Generell sollten Sie Bandagen somit nie in Eigenregie anwenden. Sprechen Sie grundsätzlich mit dem behandelnden Tierarzt und überlegen Sie sich gemeinsam eine passende Strategie, falls Sie in Erwägung ziehen, Verbände einzusetzen.

Foto rechts:
Anders als die Haut am Körper heilt abgerissene Wachshaut an der Nase nicht wieder. Oft bleibt ein vergrößertes Nasenloch zurück, das regelmäßiger Kontrolle bedarf.
Foto: Gaby Schulemann-Maier

Gesunde Vogelhaut ist wie die des Menschen bis zu einem gewissen Grad dehnbar und belastbar. Ist die Muskulatur unter der Haut angespannt, „arbeitet" die Haut normalerweise einfach mit. Beim Vogel schützt zudem das Federkleid gegen äußere Einflüsse. An den unbefiederten Beinen und Füßen zeigt sich die Haut besonders robust. Ihre schuppenartige Oberfläche lässt erahnen, dass Vögel direkte Nachfahren der Dinosaurier sind.

Unter bestimmten Umständen bilden sich bei Vögeln Ekzeme oder andere Hautveränderungen, die recht großflächig werden können. Betroffene Haut ist rau und weitaus weniger dehnbar. Sie reißt manchmal bei der kleinsten Anspannung. Bei manchen Vögeln reichen allein Flugbewegungen, um die Haut zu verletzen.

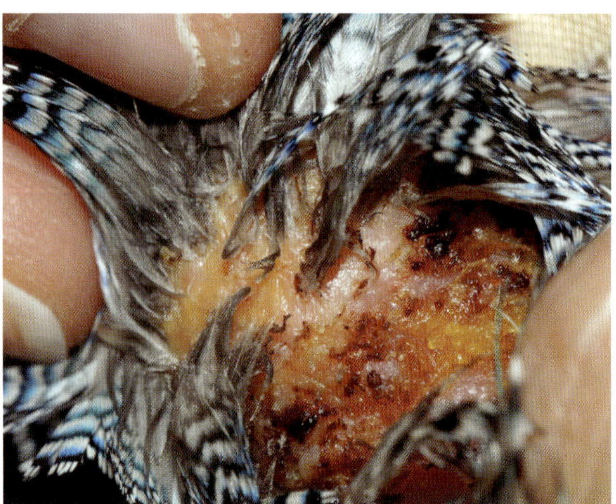

Durch Beißen, Kratzen und Scheuern verschlimmern Vögel ihre Hauterkrankungen oft selbst – Ekzem am Hinterkopf eines Wellensittichs. Foto: Gaby Schulemann-Maier

Heilen langwierige Ekzeme oder (größere) Verletzungen ab, bleiben oft Narben zurück. Von pergamentartig dünn bis knotig und derb reicht die Palette der Gewebebeschaffenheit. Außerdem verändert sich die Haut unter bestimmten Umständen ohne vorherige Verletzungen und wird sehr dick, etwa bei sogenannten Xanthomen. Betroffene Vögel leiden unter Juckreiz, die Xanthome weisen teils an der Oberfläche oder an den Rändern nässende, entzündete Partien auf. Diese gelblichen Hautveränderungen können so groß werden, dass die Vögel kaum mehr fliegen können.

Je nach Fall beeinträchtigen Hautveränderungen die Vögel also massiv. Tagtäglich müssen sich die Tiere und ihre Halter den damit verbundenen Herausforderungen stellen. Nicht immer gibt es eine Chance auf Heilung. Und viele auslösende Mechanismen sind noch nicht bis ins letzte Detail geklärt – wie etwa bei der Xanthomatose.

Ursachen

Ekzeme, Hautveränderungen und Narben treten bei Vögeln häufig auf durch:

- Stress, Fehlernährung und Organfehlfunktionen: einzeln oder in Kombination führen sie oft zu Ekzemen, zum Beispiel unter den Flügeln
- Infektionen der Haut mit Bakterien und/oder Pilzen
- juckender Parasitenbefall, der zum Aufkratzen oder -beißen verleitet und dadurch Entzündungen begünstigt
- Selbstverstümmelung oder durch andere Vögel/ Tiere zugefügte Bisswunden: daraus entstehen

mitunter langwierige Hautentzündungen und Ekzeme

- Xanthome, Tumoren oder Lipome: über ihnen dehnt sich die Haut stark
- größere Verletzungen oder Schnitte bei Operationen: während der Heilung bilden sich Narben
- Kontakt mit ungeeigneten Pflegeprodukten oder Medikamenten (Salben, Tinkturen): Hautreizungen sind die Folge
- Allergien: meist gegen Nahrungsmittel, aber ebenso Kontaktallergien, verursachen unter anderem Hautausschläge.

Vom Nestling bis zum gefiederten Senior können alle Vögel Hautveränderungen erleiden. Xanthome treten insbesondere bei Wellensittichen und Nymphensittichen auf. Unterflügelekzeme des sogenannten EMA-Komplexes (Ekzema Melopsittacus et Agaporni) betreffen hauptsächlich Wellensittiche und Unzertrennliche, zahlreiche weitere Vogelarten können jedoch ebenso betroffen sein.

Gesundheitliche Besonderheiten

Veränderte Hautpartien entzünden sich nicht in jedem Fall. Damit das so bleibt, müssen weitere Verletzungen – darunter Mikrorisse in der Haut – vermieden werden. Denn durch sie könnten Bakterien oder Pilze eindringen, die wiederum schmerzhafte und schlecht heilende Entzündungen hervorrufen.

Folgen Sie deshalb grundsätzlich den Anweisungen eines Vogeltierarztes, wenn Sie veränderte Hautbe-

Wegen der großen und schweren Hautveränderung am Flügel kann dieser Wellensittich nicht mehr fliegen. Foto: Gaby Schulemann-Maier

reiche Ihres Vogels untersuchen und behandeln. Tragen Sie dabei stets saubere Einmalhandschuhe. So verhindern Sie das Einbringen von Keimen in die teils kaum sichtbaren Wunden.

Ebenso: Halten Sie die Umgebung sauber, in der Vögel mit Hautekzemen leben. Doch verzichten Sie dabei auf reizende Reinigungsmittel, die die Situation der Tiere noch verschlimmern würden. Wo immer es geht, reinigen Sie am besten mit heißem (Essig-)Wasser. In manchen Fällen können Sie spezielle Desinfektionsmittel einsetzen, aber bitte nur nach Absprache mit dem behandelnden Tierarzt.

Der Polsterverband schützt empfindliches, pergamentartiges Narbengewebe am Bein. Damit der Katharinasittich den Verband nicht abreißt, trägt er einen Halskragen. Foto: Gaby Schulemann-Maier

Herausforderungen im Alltag

Vögel mit Ekzemen unter den Flügeln fliegen meist nur eingeschränkt. Das Fliegen verursacht Schmerzen und nicht selten Risse in der Haut. Damit die Vögel alle für sie wichtigen Stellen in ihrer Umgebung erreichen können, sollten Sie ihnen Klettermöglichkeiten anbieten.

Viele Vögel, die unter Hautveränderungen leiden, bearbeiten betroffene Körperpartien mit dem Schnabel. Juckt es, beißen sie sich blutig. Spannt es, versuchen sie sich durch Zupfen selbst Linderung zu verschaffen. Das Resultat sind dann mehr oder minder große blutige Bereiche. Sie sind Einfallstore für Krankheitserreger.

Gelegentlich ist Narbengewebe dermaßen dünn und empfindlich, dass es selbst bei leichten Stößen oder unter geringem Druck reißt. Berühren Vögel während der Körperpflege diese Bereiche mit dem Schnabel, kann es geschehen, dass die Narben allein dadurch wiederholt bluten. In solchen Fällen ist es sinnvoll, die Vögel davon abzuhalten, die veränderten Hautpartien mit dem Schnabel zu bearbeiten – zumindest eine Zeit lang. Gelingen kann dies, wenn die Tiere einen Halskragen tragen. Ein erfahrener Vogeltierarzt kann so einen Kragen anpassen und anlegen. Gleichzeitig wird er gegebenenfalls überempfindliche Körperpartien bandagieren, um sie vor Stößen zu schützen.

Diese Maßnahmen sind nicht ohne Risiko, weshalb sie nicht in Eigenregie durchgeführt werden sollten. Außerdem belasten Verbände und Halskragen das Tier. Deshalb ist beides zumeist nicht als Dauerlösung zu empfehlen. Gemeinsam mit dem Tierarzt sollten Sie abwägen, was dem jeweiligen Vogel wie lange zugemutet werden kann und sollte. Das richtige Maß zu finden, ist nicht leicht.

Tipps für die Haltung

In ihrer Flugfähigkeit eingeschränkte Vögel mit Hautveränderungen freuen sich über Kletterhilfen, zum Beispiel Leitern, Rampen und Seile, siehe Kapitel 4.3. Bringen Sie diese so an, dass die Tiere genügend Bewegungsspielraum haben. Vor allem in Volieren ist das wichtig. Gibt es darin zu viele Kletterhilfen und werden sie von mehreren Tieren genutzt, sind sich die Vögel unter Umständen gegenseitig im Weg. Leicht könnte es zu Rangeleien kommen, die Vögel mit Handicap besonders belasten.

Vögel, die einen Halskragen tragen müssen, benötigen je nach Kragenmodell andere Futter- und Wassernäpfe als zuvor. Manche Kragen sind so bemessen, dass die Vögel ihren Kopf nicht mehr problemlos über kleine Näpfe halten können. Befestigen Sie Futtermittel hängend am Volierengitter. So können auch diese Tiere sie ohne Schwierigkeiten erreichen.

Generell empfiehlt es sich, nach möglichst effektiven und dabei kleinen Halskragen zu suchen. Kugelkragen aus Kunststoff mit Clip-Verschluss haben sich bei vielen Vögeln bewährt. Die Tiere können damit normal fressen und sogar baden, sofern sie dies wegen ihrer Hautveränderung überhaupt dürfen. Sprechen Sie darüber unbedingt mit Ihrem Vogeltierarzt und suchen Sie gemeinsam nach der am wenigsten belastenden Lösung für Ihren gefiederten Schützling.

Kapitel 3.6.2 · Sohlengeschwüre und Druckstellen

Weil Vögel tagein, tagaus auf ihren Füßen stehen, belasten sie permanent deren Sohlen. Unter bestimmten Umständen kommt es zu Überlastungserscheinungen: Meist treten zunächst leichte Rötungen auf, dann größere, tiefrote Druckstellen. Diese entwickeln sich schließlich zu Druckgeschwüren mit Entzündungen, die teils tief ins Gewebe reichen. Sowohl Druckstellen als auch Geschwüre schmerzen. Damit stellen sie für Vögel eine enorme Einschränkung der Lebensqualität dar.

Es ist nicht immer einfach, diese langwierigen und hartnäckigen Hautveränderungen in den Griff zu bekommen. Verschiedene Maßnahmen helfen, sofern man sie konsequent anwendet. Doch zunächst gilt es, die Auslöser zu ergründen.

Rötungen und Druckstellen unter Vogelfüßen sind oft die Vorstufe schmerzhafter chronischer Geschwüre.
Foto: Gaby Schulemann-Maier

Ursachen

Folgende Umstände fördern Druckstellen an den Füßen/Beinen sowie Sohlengeschwüre:

- falsche Sitzstangen: zum Beispiel glatte Oberflächen aus gedrechseltem Holz, gleicher Durchmesser auf der gesamten Länge
- Übergewicht
- Fehlstellungen der Zehen/Beine
- einseitige Belastung: etwa wenn ein Fuß oder Bein amputiert wurde oder infolge von Arthrose.

Grundsätzlich können Vögel jedes Alters Druckstellen unter den Füßen oder Sohlengeschwüre entwickeln. Mehrheitlich sind erwachsene Vögel betroffen, Nestlinge hingegen nur selten.

Gesundheitliche Besonderheiten

Sohlengeschwüre sollten immer behandelt werden. Sonst dringen Entzündungen mitunter so tief ins Gewebe ein, dass sie den Fuß erheblich schädigen. In schweren Fällen werden die Knochen in Mitleidenschaft gezogen. Oftmals muss die betroffene Gliedmaße bei derart gravierenden Verläufen amputiert werden. Vermeiden Sie nach Möglichkeit, dass es so weit kommt.

Betroffene Vögel schonen schmerzende Füße und legen sich dafür bäuchlings hin. Das wiederum verlagert nur das Problem, denn auch entlang des Brustbeins können Druckstellen auftreten – abhängig davon, auf welchem Untergrund die Tiere ruhen oder ob sie (stark) übergewichtig sind. Solche Liegegeschwüre sind ähnlich schwer zu behandeln wie Sohlengeschwüre; und sie dürften für die Vögel mindestens genauso schmerzhaft wie diese sein. Es gilt deshalb, ihre Entstehung zu verhindern.

Herausforderungen im Alltag

Ein vogelkundiger Tierarzt wägt ab, wie er Druckstellen oder Geschwüre eines Vogels behandelt. Sie als Halter können dafür sorgen, dass etwa Ruheplätze oder Sitzgelegenheiten die Füße nicht zusätzlich belasten, sondern entlasten. Hierbei unterstützt Sie der Tierarzt sicherlich gern mit guten Tipps.

Übergewichtige Vögel sollten abnehmen, und zwar schonend und dauerhaft. Je weniger Körpergewicht die gereizte oder entzündete Haut an den Fußsohlen oder an anderen Stellen zu tragen hat, desto besser. Energiearm, ausgewogen und nährstoffreich sollte die Kost sein, damit die Tiere zwar Gewicht verlieren, aber keine Mangelerscheinungen auftreten.

Tipps für die Haltung

Vögel mit Druckstellen oder Geschwüren unter den Füßen bevorzugen weiche, gepolsterte Sitzmöglichkeiten, siehe Kapitel 4.2. Achten Sie aber unbedingt auf die nötige Hygiene – das Polstermaterial sollte täglich gewechselt und am besten heiß gewaschen werden.

Gepolsterte Liegebrettchen werden gern zum Ausruhen beziehungsweise Hinlegen genutzt. Hier gelten dieselben Hygieneregeln. Im Handel gibt es zudem sogenannte „Schlafzelte“. Diese hängend befestigten Höhlen aus Filz sind so weich, dass sie schmerzempfindliche Füße nicht so stark belasten wie klassische Sitzstangen. Die Zelte eignen sich hauptsächlich für Vögel, die durch Höhlen nicht schnell in Brutstimmung geraten. Außerdem sollten Sie sicher sein, dass Ihre Vögel die Filzfasern nicht anknabbern und schlucken. Im schlimmsten Fall verstopfen diese sonst den Kropf.

Hängematten sind bei Vögeln beliebt, um darin zu liegen und schmerzende Füße zu entlasten.
Foto: Gaby Schulemann-Maier

Wenn die Füße schmerzen und geschwollen sind, schränkt das die Beweglichkeit der Zehen ein. Aus diesem Grunde können an Sohlengeschwüren leidende Vögel oft nicht allzu gut klettern. Falls die Tiere gleichzeitig flugunfähig sind, sollten Sie ihnen breite Klettermöglichkeiten mit geringer Neigung anbieten. Das können zum Beispiel schräg gespannte Kletternetze oder Kletterspiralen sein, siehe Kapitel 4.3.

Im Freiflugzimmer oder in der Voliere sind Hängematten (etwa aus Seegras) beliebte „Ausruhmöbel“. Manche Vögel schlafen außerdem nachts gern darauf.

Kapitel 3.6.3 · Verletzungen und Veränderungen der Wachshaut

Manche Wellensittichweibchen neigen zu einer übermäßigen Verhornung der Wachshaut, wodurch sich die Nasenlöcher verschließen können. Foto: Gaby Schulemann-Maier

Die zarte Haut an der Nase der Vögel wird als Wachshaut bezeichnet. Wird sie nur leicht verletzt, heilt sie meist gut. Doch bei größeren Verletzungen, wenn gar ein Stück Wachshaut abgerissen wird, wächst sie normalerweise nicht mehr nach. In Extremfällen liegt dann die Nase frei oder die Nasenlöcher bleiben dauerhaft mehr oder minder stark vergrößert.

Ursachen

Veränderungen oder Verletzungen der Wachshaut der Vögel haben in vielen Fällen folgende Ursachen:

- Aufprallverletzungen
- Kämpfe mit anderen Vögeln; Angriffe von Katzen, Greifvögeln etc.
- übermäßig starke Verhornung der Wachshaut (Hyperkeratose)
- Befall mit Räudemilben
- Nasenentzündungen; Entfernen von Nasensteinen (Rhinolithen) durch die Nasenlöcher.

Grundsätzlich können Vögel jedes Alters betroffen sein. Eine Hyperkeratose tritt vor allem bei geschlechtsreifen Wellensittichweibchen auf, die über einen längeren Zeitraum in Brutstimmung sind.

Gesundheitliche Besonderheiten

Verhornt die Wachshaut eines Vogels überdurchschnittlich stark, bilden sich regelrechte Wülste. Diese sind mehr als bloß ein „Schönheitsmakel". Im Extremfall verschließt die wuchernde Hornschicht die Nasenlöcher und erschwert die Atmung. Die verstopfte, schlecht belüftete Nase entzündet sich unter Umständen.

Kontrollieren Sie deshalb die Nasenlöcher Ihrer von einer Hyperkeratose betroffenen Vögel täglich. Sollten sich die kleinen Öffnungen verschließen, ziehen Sie umgehend einen Vogeltierarzt zurate. Der kann eine übermäßige Verhornung sanft entfernen. Es selbst zu versuchen, birgt enorme Risiken. Würden Sie aus Versehen die tiefer liegenden, lebenden Schichten der Wachshaut oder das Innere der Nase verletzen, würden Sie diese unter Umständen dauerhaft schädigen – von den dadurch verursachten Schmerzen einmal abgesehen.

Außerdem sollten Sie die Haltungsbedingungen anpassen: Mehrheitlich tritt die Hyperkeratose auf, wenn Vogelweibchen über einen langen Zeitraum in Brutstimmung sind. Ein dauerhaft hoher Östrogenspiegel im Körper der Vögel verursacht zudem – über die Hyperkeratose hinaus – langfristig weitere gesundheitliche Probleme.

War die Wachshaut verletzt oder von Räudemilben befallen, sind bei etlichen Vögeln anschließend die Nasenlöcher vergrößert. Schauen Sie jeden Tag nach, ob sich Fremdkörper in der Nase festgesetzt haben. Dies können zum Beispiel kleine Futterpartikel wie Körner sein. Manchmal verklumpen Nasensekret und Staub zu harten Krusten, die zusehends größer und zu sogenannten Nasensteinen (Rhinolithen) werden.

Fremdkörper sollten Sie immer schnellstmöglich aus der Vogelnase entfernen (lassen). Sind die Nasenlöcher verstopft, erschwert das die Atmung. Außerdem steigt die Gefahr von Entzündungen.

Aufgrund des vergrößerten Nasenlochs ist die Nase verkrustet, was zu einer Entzündung geführt hat.
Foto: Gaby Schulemann-Maier

Mit speziellen Werkzeugen und unter größter Vorsicht gehen Tierärzte hierbei vor. Wie die Nase der Menschen ist auch die der Vögel äußerst schmerzempfindlich. Sehen Sie deshalb von Eigenversuchen ohne passendes Werkzeug ab, um Ihren gefiederten Schützling vor unnötigen Schmerzen und Verletzungen zu bewahren.

Herausforderungen im Alltag

Jeden Tag muss mindestens einmal die Nase eines Vogels inspiziert werden, dessen Wachshaut verändert ist oder (teilweise) fehlt. Selbstverständlich gilt dies ebenso, wenn der Halter im Urlaub oder anderweitig verhindert ist und sich eine andere Person um das Tier kümmert. Insbesondere bei scheuen Vögeln ist das nicht immer einfach. Sie empfinden es als belastend,

Durch eine chronische Nasenentzündung ist die Wachshaut dieses Katharinasittichs geschädigt und das Nasenloch stark vergrößert. Foto: Gaby Schulemann-Maier

wenn sich ihnen ein Mensch nähert oder sie gar in die Hand nimmt, um die Nase aus der Nähe zu betrachten. Sofern möglich, schaffen Sie sich eine Kompaktkamera mit Zoomfunktion an. Damit können Sie Ihre Vögel aus einiger Entfernung fotografieren, ohne sie zu ängstigen. Auf dem Display oder am Computer lassen sich die Fotos vergrößern, sodass Sie alle Details betrachten können. Es muss übrigens keine besonders teure Kamera sein. Mit etwas Übung lassen sich die Kontrollbilder sogar dann gut interpretieren, wenn sie nicht gestochen scharf sind.

Per Zoomfunktion einer Kompaktkamera lassen sich Fotos zur täglichen Kontrolle der Nasenlöcher scheuer Vögel anfertigen. Foto: Gaby Schulemann-Maier

Tipps für die Haltung

Vögel mit vergrößerten Nasenlöchern produzieren oft viel Schleim. Dies ist ein natürlicher Vorgang, denn es gelangt entsprechend mehr Staub in ihre Nase, als wenn die Atmungsöffnungen klein wären. Feuchte Schleimhäute wiederum sind besser geschützt. Allerdings können sich so Krusten bilden, die in Kombination mit Staub zu Fremdkörpern anwachsen. Eine möglichst staubarme Umgebung ist deshalb für Vögel mit vergrößerten Nasenlöchern wichtig.

Verzichten Sie auf staubende Einstreu wie Vogelsand. Dieser enthält feine Partikel, die sich in der Nase der Vögel festsetzen können, falls die Tiere am Boden wühlen. Besser ist beispielsweise Buchenholzgranulat oder Ähnliches. Halten Sie Vögel, die Puderdunen besitzen und selbst stark stauben (darunter Nymphensittiche und andere Kakadus), kann ein Filtergerät zur Reinigung der Raumluft helfen. Dadurch gelangt weniger Staub in die Nase der Vögel. Davon profitieren nicht nur Tiere mit vergrößerten Nasenlöchern, sondern generell alle Vögel und Sie selbst.

Ein derart schiefer Schnabel schränkt im Alltag enorm ein – die Ursache ist hier eine tief im Gewebe sitzende Entzündung. Foto: Gaby Schulemann-Maier

Für Vögel ist der Schnabel ein sehr wichtiger Teil ihres Körpers. Ihr „eingebautes Multifunktions-Werkzeug" dient ihnen zur Nahrungsaufnahme, zum Nestbau, zum Füttern des Partners sowie des Nachwuchses, zur (gegenseitigen) Gefiederpflege, zum Tasten und Erkunden ihrer Umwelt sowie zur Verteidigung. Außerdem ist er für Papageien und Sittiche quasi der „dritte Fuß" und hilft ihnen beim Klettern.

Der Vogelschnabel setzt sich aus zwei Teilen zusammen: Ober- und Unterschnabel. Deren Basis sind der Ober- und der Unterkiefer, auf denen vereinfacht gesprochen je ein Gebilde aus Hornsubstanz als Überzug steckt. Es wird als Rhamphotheca bezeichnet und besteht vor allem aus Keratin, einem wasserunlöslichen Fasereiweiß.

Diese Hornhülle wird von innen heraus durch eine gut durchblutete Wachstumszone produziert und wächst bei einem gesunden Vogel permanent ein wenig nach. Das ist nötig, denn Vögel nutzen das Schnabelhorn in ihrem Alltag ständig ab. Je nach Vogelart und individuellem Gesundheitszustand, kann der Schnabel pro Monat etwa ein bis drei Millimeter wachsen.

Obwohl der Schnabel hart ist, können die Vögel damit tasten, denn im Inneren befinden sich zahlreiche Nervenendigungen. So können die Tiere sogar leichte Erschütterungen wahrnehmen. Außerdem bemerken sie, ob etwas, auf das sie beißen, hart oder weich ist.

Viele Heimvogelarten, darunter Kanarienvögel oder Zebrafinken, haben einen Spitzschnabel. Ihre beiden Schnabelhälften laufen nach vorn spitz zu und sind

Bei diesem Zwergara ist der Blick auf den – ebenfalls teilweise defekten – Unterschnabel frei, weil der Oberschnabel weitestgehend fehlt. Foto: Gaby Schulemann-Maier

gleich lang. Ähnlich wie wir Menschen den Mund öffnen, ist es bei ihnen: Sie öffnen ihren Schnabel, indem sie die untere Hälfte nach unten bewegen; die obere Hälfte – der Oberkiefer – ist fest mit dem Schädel verwachsen.

Papageien haben einen kleinen, vereinfacht gesprochen halbkugelförmigen Unterschnabel und einen deutlich größeren, stark nach unten gebogenen und spitz zulaufenden Oberschnabel. Aufgrund eines speziellen Gelenks ist er nicht starr. Öffnen Papageien den Schnabel, bewegen sich dabei also beide Teile.

Außen ist der Oberschnabel bei Papageien glatt, auf der Innenseite verlaufen im mittleren und unteren Bereich einige Querrillen. Diese feinen Rillen geben den Nahrungsstücken Halt, während die Vögel sie mit der relativ scharfen Kante des Unterschnabels bearbeiten und so beispielsweise Hüllen von Sämereien entfernen.

Infolge eines Unfalls abgerissener Oberschnabel eines Wellensittichs, auf dessen Innenseite die typischen feinen Querrillen zu erkennen sind. Foto: Gaby Schulemann-Maier

Der Schnabel ist ein wunderbares Kraulwerkzeug. Foto: Gaby Schulemann-Maier

Bei Vögeln können verschiedene Schnabeldefekte auftreten. Wie die Tiere damit umgehen und leben, ist individuell. Grundsätzlich muss man derlei Schnabelveränderungen ernst nehmen, weil sie die Vögel unter ungünstigen Umständen in Lebensgefahr bringen können. Schnabelschäden lassen sich grob in die folgenden Kategorien unterteilen:

- Deformationen und Fehlwuchs: zum Beispiel zu stark oder über Kreuz wachsende Schnäbel
- strukturelle Schäden: beispielsweise poröses Schnabelhorn oder Gewebeveränderungen

Oberflächliche Längsrillen im Oberschnabel entstehen oft durch Nasenentzündungen; sie schränken die Tiere meist nicht ein. In besonders schweren Fällen können sie jedoch so tief sein, dass das Schnabelhorn brüchig wird. Dann ist größte Vorsicht im Alltag und bei der Ernährung geboten. Foto: Gaby Schulemann-Maier

- Schnabelbrüche und -amputationen: mögliche Schweregrade von einer abgebrochenen Schnabelspitze bis hin zum vollständig abgerissenen Schnabel.

Ein defekter Schnabel beeinflusst praktisch immer die Lebensqualität des betroffenen Vogels. Es hängt dabei von der Schwere der Schädigung ab, wie gravierend das daraus entstehende Handicap ausfällt. Wie lange der Zustand anhält, ist ebenfalls ein wichtiger Faktor. Ist der Schnabel – etwa durch Befall mit Räudemilben – nur vorübergehend geschädigt, ist das für den Vogel weniger herausfordernd, als wenn ein Teil des Schnabels dauerhaft fehlt.

Ursachen

Typische Ursachen für Schnabeldefekte sind:

- Verletzungen und Brüche: zum Beispiel nach Bissen von Artgenossen oder Zusammenstößen mit harten Gegenständen
- schwere (chronische) Entzündung der Nase: zieht sie den Knochen in Mitleidenschaft, beeinträchtigt das den Schnabelwuchs
- Leberstörungen oder -schäden
- massiver oder lang andauernder Befall mit Räudemilben
- Veränderungen des Schnabelhorns durch Pilz- oder Virusinfektionen
- zu weiches oder brüchiges Schnabelhorn aufgrund von Fehl- oder Mangelernährung
- Schnabeltumoren.

Sämtliche Ursachen können grundsätzlich in jedem Alter auftreten. Tumoren sind bei erwachsenen und bereits etwas älteren Vögeln wahrscheinlicher als bei jungen.

Gesundheitliche Besonderheiten

Vögel mit Schnabeldefekten haben ein erhöhtes Risiko für eine Verschlechterung der Situation. So bricht etwa poröses oder zum Splittern neigendes Schnabelhorn besonders leicht. Schief gewachsene Schnäbel wiederum können sich beim Klettern unter anderem in Käfig- oder Volierengittern sowie in Kettengliedern von Spielzeugen verhaken. Deshalb ist bei Tieren mit Schnabeldefekten grundsätzlich größte Vorsicht geboten.

Einige Schnabeldefekte treten wegen einer Leberschädigung oder Fehlernährung auf. Hauptsächlich sollte ein vogelkundiger Tierarzt diese Ursachen behandeln. Denn es bringt nichts, einen schief oder zu schnell wachsenden Schnabel wiederholt zu korrigieren, ohne die eigentliche Erkrankung anzugehen. Es wäre reine „Kosmetik" und würde lediglich sichtbare Symptome, aber nicht den Auslöser bekämpfen.

Herausforderungen im Alltag

Sie sollten stets darauf achten, ob der betroffene Vogel eigenständig Nahrung zu sich nehmen kann. Ernähren Sie das Tier möglichst nährstoffreich und gesund – auch in dieser besonderen Situation. Die richtige Futterauswahl ist daher essenziell.

Ist das Schnabelhorn sehr weich, porös oder brüchig, drohen Schäden durch hartes Futter. Erstellen Sie gemeinsam mit einem in der Behandlung von Vögeln

Eine Schädigung der Leber verursacht bei vielen Wellensittichen übermäßiges Schnabelwachstum.
Foto: Gaby Schulemann-Maier

Der Schnabel dieses Diamanttäubchens wächst über Kreuz. Foto: Gaby Schulemann-Maier

Nach einer vollständigen Amputation wuchs der Oberschnabel nach. Jetzt kann das Wellensittichweibchen sogar wieder Körnchen entspelzen. Foto: Gaby Schulemann-Maier

erfahrenen Tierarzt oder einem Experten für Vogelernährung einen Futterplan. Er sollte zum jeweiligen Handicap des Vogels passen und zum Beispiel eine Liste mit geeigneten Nahrungsmitteln umfassen. Dazu können unter anderem gehören:

- weiche Gemüse- und Obstsorten sowie Kräuter, gegebenenfalls püriert
- Kochfutter
- Extrudate oder Pellets: sie sind empfehlenswert, wenn der Schnabel beim Schälen von Sämereien brechen könnte.

Schneiden Sie frische Lebensmittel in schnabelgerechte Häppchen. So kann Ihr Vogel sie leichter fressen.

Ist der Schnabel eines Vogels durch einen Unfall abgebrochen, ist die Nahrungsaufnahme besonders schwierig; vor allem in der ersten Zeit nach dem Unglück, wenn die Wunde noch stark schmerzt. Reichen Sie in der Heilungsphase weiche Futtermittel und besprechen Sie mit dem Tierarzt die generelle Ernährungssituation.

Kleinen Heimvögeln – wie zum Beispiel Wellensittichen – können Sie einige Tage lang zusätzlich ein wenig geschälte Bio-Speisehirse anbieten (aber nicht auf Dauer!). Vögel mit Schnabelverletzungen oder -amputationen fressen sie meist gern.

Sondenfütterung als lebensrettende Maßnahme

Unmittelbar nach einem schweren Unfall schmerzt der verletzte Schnabel oft sehr. Viele Vögel weigern sich dann, Nahrung aufzunehmen. Damit sie nicht verhungern, gibt es die Möglichkeit, die Tiere per Futterspritze zu ernähren: Der Tierarzt oder erfahrene Halter gibt dabei hochwertiges Breifutter aus der Futterspritze mithilfe einer speziellen Sonde direkt in den Kropf des Vogels.

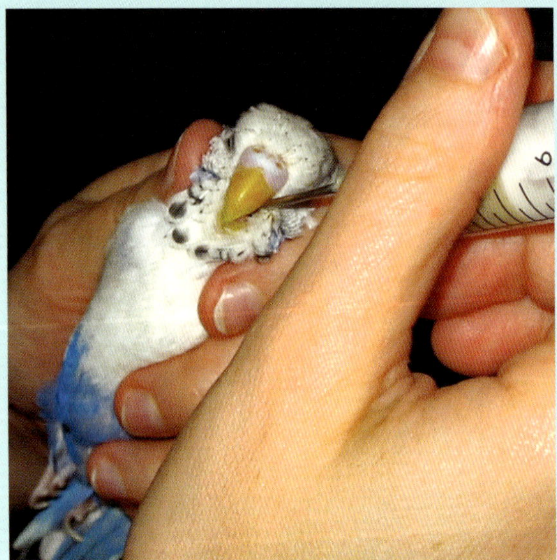

Dieser geschwächte Wellensittich hat zwar keine Schnabelschädigung, muss aber trotzdem per Sonde ernährt werden. Foto: Gaby Schulemann-Maier

Die Kropfsonde wird vorsichtig durch den Schnabel und die Speiseröhre eingeführt, was viel Erfahrung erfordert. Nicht jeder Halter traut sich eine Sondenfütterung zu. Viele Vogelkliniken oder Tierärzte nehmen erkrankte Vögel stationär auf und ernähren sie einige Zeit per Sonde.

Als Dauerlösung – im Zweifel bis ans Lebensende – empfiehlt sich diese Art der Fütterung normalerweise aber nicht. Für den Großteil der Vögel ist sie mit Stress verbunden: einfangen, greifen, Sonde einführen – nichts davon ist für die Tiere angenehm. Zudem ist die Fütterung per Sonde nicht ungefährlich, vor allem bei unsachgemäßer Handhabung. Es drohen Infektionen im Kropf oder Verletzungen. Außerdem kann der Brei in die Luftröhre gelangen, wodurch der Vogel qualvoll erstickt.

Deshalb: Ein Vogel mit dauerhaft geschädigtem Schnabel sollte entweder an Futtermittel gewöhnt werden, die er selbstständig zu sich nehmen kann. Oder es ist gemeinsam mit dem vogelkundigen Tierarzt zu überlegen, ob gegebenenfalls eine Schnabelprothese eingesetzt werden kann (ist bei sehr kleinen Vögeln für gewöhnlich nicht möglich). Als dritte Option bleibt manchmal leider nur das Einschläfern.

Tipps für die Haltung

Bestimmte Plätze erreichen Papageien und Sittiche nur kletternd. Dabei hilft ihnen ihr Schnabel als „dritter Fuß“. Ist ein Stück abgebrochen, fehlt ihnen diese Kletterhilfe. Damit sie trotzdem den begehrten Platz erreichen können, benötigen sie alternative Kletterunterstützung, siehe Kapitel 4.3.

Dies ist ebenso wichtig, wenn das Schnabelhorn strukturell geschädigt und somit bruchgefährdet ist. Idealerweise sollten hiervon betroffene Vögel den Schnabel nicht zum Klettern nutzen müssen. Kletterrampen mit geringer bis mäßiger Steigung sind für sie hilfreich, weil darauf die Füße zum Klettern ausreichen.

Grundsätzlich sollten Sie intensiv abwägen, ob Sie einen Vogel mit Schnabeldefekt zur Zucht einsetzen. Besprechen Sie das am besten mit einem erfahrenen Vogeltierarzt. Zwar werden Schnabelschädigungen in der Regel nicht vererbt. Doch es könnte für das betroffene Tier schwierig sein, den Nachwuchs zu füttern. Das wiederum brächte die Jungvögel in Gefahr, weil sie womöglich zu wenig Nahrung erhalten würden.

Das Schnabelhorn dieses Nymphensittichs ist durch den starken Befall mit Räudemilben porös und brüchig geworden. Damit der Schnabel nach der Behandlung des Milbenbefalls heilen kann, sollte der Vogel hauptsächlich weiches Futter erhalten. Harte Knabber- und Schredderspielzeuge sollten während dieser Zeit sicherheitshalber nicht angeboten werden. Foto: Dagmara Koop

Kapitel 3.8 · Einschränkungen durch neurologische Erkrankungen

Bei Vögeln können sich Symptome zeigen, die auf verschiedene neurologische Erkrankungen zurückzuführen sind. Manche dieser Krankheiten sind heilbar, andere nicht. Generell bedeuten sie für die betroffenen Tiere teils erhebliche körperliche Einschränkungen. Wie lange diese auftreten, hängt von der jeweiligen Ursache ab.

Geschädigte Nerven zeigen sich häufig durch lokale Ausfallerscheinungen wie zum Beispiel Lähmungen in einem Bein. Ist das zentrale Nervensystem betroffen, sind die Auswirkungen oftmals am gesamten Körper sichtbar, etwa in Form starken Zitterns. Weil unter neurologischen Erkrankungen leidende Vögel verstärkt unfallgefährdet sind, brauchen sie im Alltag viel Unterstützung.

Während und einige Zeit nach seinen neurologischen Anfällen kann dieser Wellensittich nicht richtig stehen und kaum sein Gleichgewicht halten. Foto: Gaby Schulemann-Maier

Das rechte Bein dieses Wellensittichs rutscht immer wieder zur Seite. Grund ist eine schwere Koordinationsstörung. Foto: Gaby Schulemann-Maier

Je nach Grunderkrankung sind die Symptome permanent vorhanden oder treten anfallartig auf. Nach wenigen Minuten bis Stunden klingen sie wieder ab – zumindest bis zum nächsten Anfall.

Lassen Sie neurologische Ausfallerscheinungen bei Ihrem Vogel unbedingt von einem erfahrenen Vogeltierarzt abklären. Abhängig vom Auslöser unterscheiden sich die jeweils nötigen Behandlungsschritte erheblich. Nicht alle Grunderkrankungen sind heilbar. Dennoch lässt sich die Lebensqualität eines betroffenen Vogels eventuell verbessern, wenn der Zustand stabilisiert wird.

Vögel mit neurologischen Erkrankungen haben oft Probleme, sich zu bewegen. In vielen Fällen zeigen die Tiere außerdem gravierende Koordinationsstörungen. Das heißt, dass manche Vögel ihr Gleichgewicht nicht richtig halten können und taumeln. Andere liegen auf den Sprunggelenken oder dem Bauch, weil sie nicht auf den Füßen stehen können. Versuchen die Vögel, sich zu bewegen, kippen sie zur Seite oder rollen gar auf den Rücken. Wieder andere betroffene Vögel zittern stark, lassen den Kopf hängen, verdrehen ihn (Torticollis) oder leiden unter Muskelkrämpfen und Lähmungen.

Aber bedenken Sie: Schwere neurologische Erkrankungen schränken daran leidende Vögel massiv ein. Zeigen sich die Symptome zudem häufig, ist ein normaler Alltag für die Tiere kaum denkbar. Dann sollten Sie – in Absprache mit dem Tierarzt – in Erwägung ziehen, eventuell unheilbares Leiden durch Einschläfern zu beenden.

Glücklicherweise sind nicht alle Fälle so gravierend. Es kann gelingen, den Vögeln mit ihren Bedürfnissen entsprechenden Haltungsbedingungen ein beschwerdearmes und weitestgehend selbstbestimmtes Leben zu ermöglichen.

Ursachen
Einige in Betracht kommende Auslöser neurologischer Erkrankungen bei Heimvögeln sind:

- Kopfverletzungen und Hirnschwellungen
- Vergiftungen, beispielsweise durch Schwermetalle
- Nährstoffmangel, zum Beispiel Kalzium, Vitamin B, Vitamin D_3 etc.
- Unterzuckerung (Hypoglykämie)
- Durchblutungsstörungen (Atherosklerose) der Gefäße im Körper
- Leberschäden (hepatoenzephales Syndrom) oder Nierenerkrankungen
- Ohrenentzündung (Otitis)
- Infektionen mit Viren, Bakterien oder Pilzen: unter anderem Aviäres Bornavirus, Herpesviren, Paramyxoviren, Chlamydien, Salmonellen und *Aspergillus* spp.
- Tumoren.

Die meisten Ursachen neurologischer Ausfälle können bei Vögeln jedes Alters auftreten. Tumoren und Durchblutungsstörungen treten allerdings typischerweise eher bei älteren Tieren auf.

Gesundheitliche Besonderheiten
Engt im Körper ein Tumor lokal die Nerven ein, könnte darunter die Beweglichkeit leiden. Zu beobachten ist dies etwa bei Vögeln mit einem Nierentumor, der auf die Nerven in der Wirbelsäule drückt. Hierdurch können Lähmungen in den Füßen oder Beinen entstehen und wahrscheinlich starke Schmerzen verursachen. Ein Sonderfall der Nervenschädigungen sind Einschnürungen der Beine, etwa durch zu eng sitzende oder eingewachsene Fußringe, infolge derer es zu Durchblutungsstörungen und Lymphödemen kommt. Diese durch gestaute Lymphflüssigkeit hervorgerufenen Schwellungen können starken Druck auf die Nerven ausüben und Bewegungseinschränkungen hervorrufen.

Besprechen Sie mit einem Vogeltierarzt alle Behandlungsoptionen. Wie hoch sind die Heilungschancen? Wie sehr leidet das Tier unter den Lähmungen und Schmerzen? Ist es ethisch vertretbar, den Vogel um jeden Preis ein paar Tage länger am Leben zu halten, falls ein Tumor vorliegt? Zumeist ist eine Schmerztherapie sinnvoll; manchmal ist es ratsam, das Tier recht bald erlösen zu lassen.

Nicht in jedem Fall sind neurologische Ausfallerscheinungen mit Schmerzen verbunden. Mitunter zeigen sich „nur“ Symptome wie Zittern oder Lähmungen. Einige davon betroffene Tiere können ihr Gleichgewicht kaum halten. Sie verletzen sich häufiger, wenn sie etwa von Sitzästen abstürzen oder beim Versuch zu fliegen gegen Hindernisse prallen.

Gegebenenfalls benötigen diese Vögel regelmäßig Medikamente, etwa wenn Leber- oder Nieren-Erkrankungen die neurologischen Ausfallerscheinungen hervorrufen. Für ängstliche Vögel bedeutet dies Stress, der die Symptome mitunter vorübergehend verschlimmert.

Starkes Verdrehen des Kopfes kann unter anderem nach einer Kopfverletzung auftreten und die betroffenen Vögel stark einschränken. Foto: Karolina Děd

Nach einem neurologischen Anfall sind viele Vögel eine ganze Weile sehr erschöpft. Foto: Gaby Schulemann-Maier

Ansteckende Krankheiten können ebenfalls neurologische Ausfälle auslösen. Betroffene Vögel übertragen die Erreger unter Umständen auf andere Tiere. Insbesondere wenn Sie gehandicapte Vögel aus dem Tierschutz aufnehmen und zu bereits vorhandenen Artgenossen setzen wollen, ist ein Test auf ansteckende Erkrankungen extrem wichtig (eigentlich ist er das aber immer!). Dadurch werden die infizierten Vögel zwar nicht gesund, denn einige ansteckende Krankheiten sind nicht heilbar. Doch Sie können verhindern, dass sich andere Tiere anstecken.

Herausforderungen im Alltag

Es gilt, die Vögel sowohl im Käfig und in der Voliere als auch beim Aufenthalt außerhalb dieser Behausungen vor Unfällen zu bewahren. Vor allem spitze Gegenstände und scharfe Kanten sind für zittrige oder in ihrer Beweglichkeit eingeschränkte Vögel potenziell gefährlich. Ist das Entfernen einer Gefahrenquelle nicht möglich, weil etwa eine Fensterbank nicht einfach abmontiert werden kann, polstern Sie die risikoreichen Stellen.

Scheue Vögel, die regelmäßig Medikamente einnehmen müssen, profitieren besonders von einem speziellen Training: Sie können behutsam mit den Tieren üben, Arzneien direkt aus einer Spritze zu trinken. Damit umgehen Sie, die Vögel fangen und halten zu müssen. Je weniger Stress die Tiere im Alltag haben, desto angenehmer ist die Lage für sie.

Tipps für die Haltung

Gern nehmen unter Koordinationsstörungen und Bewegungseinschränkungen leidende Vögel Kletterhilfen an, siehe Kapitel 4.3. Rutschen sie ab und fallen sie darauf, bergen diese Hilfsmittel aber leider ihrerseits ein Verletzungsrisiko. Sie so anzubringen, dass sich die Vögel nicht verletzen können, ist eine Herausforderung.

Möglichst breite Kletterhilfen mit geringer Steigung sind für diese speziellen Patienten eine sinnvolle Unterstützung. Mit Kabelbindern oder Seilen können Sie Leitern so zusammenfügen, dass sie direkt nebeneinanderliegen. Achten Sie darauf, dass sie nicht gegeneinander verrutschen oder wackeln können. Denn das würde die Vögel ins Straucheln bringen.

Verwenden Sie zudem Seile, an denen die Tiere nicht mit den Krallen hängen bleiben können. Lose Fasern wickeln sich mitunter um Zehen, sodass diese absterben. Außerdem besteht die Gefahr, dass Vögel Seilfasern verschlucken. Vermeiden Sie daher Seile, aus denen sich Fasern lösen. Breite Kletterrampen aus Kork sind eine sicherere Alternative.

Zitternde Vögel oder Tiere mit gelähmten Gliedmaßen lehnen sich gern an, während sie schlafen. Bieten sie den Vögeln Liegebrettchen mit seitlichen Rändern an, zum Beispiel aus Korkrinde oder in Form von Weidenkörbchen. Einerseits verhindern diese kleinen „Balkonbrüstungen" ein Abstürzen und andererseits sind sie ideal zum Anlehnen. Tipps für Ruheplätze finden Sie in Kapitel 4.4.

Unter den Kletterstrecken und Lieblingsplätzen sollte sich eine Polsterung befinden, die Stürze weniger gefährlich macht. Infos dazu bietet Ihnen Kapitel 4.1.

Wie bei uns Menschen, entwickeln sich bei etlichen Vögeln mit zunehmendem Alter verschiedene Gebrechen. Nicht alle sind auf vorangegangene Erkrankungen oder Verletzungen zurückzuführen. Allerdings können sie durchaus durch diese gefördert werden. Einige typische Altersgebrechen unserer Heimvögel sind:

- Gelenkverschleiß (Arthrose)
- nachlassende Sehleistung: Grauer Star (Katarakt) etc.
- Herz-Kreislauf-Erkrankungen: Herzschwäche, verstopfte Arterien (Atherosklerose)
- generelle Altersschwäche, ggf. verbunden mit Muskelschwund.

Um ihren Alltag möglichst eigenständig und beschwerdearm meistern zu können, benötigen gefiederte Senioren häufig unsere Unterstützung.

Arthrose

Bei vielen älteren Vögeln sind die Beingelenke von einer Arthrose betroffen. Die Schultergelenke oder andere Gelenke der Flügel können sich ebenso über das normale Maß hinaus abnutzen. Als ein entscheidender auslösender Faktor gilt Übergewicht, das unter anderem bei Amazonen und Wellensittichen vergleichsweise oft vorkommt. Achten Sie deshalb bei Ihrem an Arthrose leidenden Vogel darauf, dass er nicht zu viel wiegt. Jedes zusätzliche Gramm belastet die geschädigten Gelenke noch mehr. Gegebenenfalls besprechen Sie mit dem Tierarzt eine Nahrungsumstellung, damit der Vogel sein Gewicht reduziert.

An Arthrose leidende Vögel nehmen Schonhaltungen ein und liegen häufig förmlich auf den Ästen.
Foto: Gaby Schulemann-Maier

Darüber hinaus können angeborene beziehungsweise durch Verletzungen entstandene Fehlstellungen der Beine oder Flügel die Entstehung einer Arthrose begünstigen, siehe Kapitel 3.4.1.

Arthrose ist sehr schmerzhaft. Betroffene Vögel nehmen zumeist Schonhaltungen ein, um beispielsweise die Beine nicht mehr zu belasten. Oder sie hinken beim Laufen sehr stark. Außerdem legen sich diese Tiere gern bäuchlings hin, um die schmerzenden Beine zu schonen. Hier gilt es, die Vögel gut im Auge zu behalten, damit Sie Druckstellen an den Füßen oder Liegegeschwüre am Bauch schnell erkennen und gegebenenfalls behandeln können.

Betroffene Tiere verzichten bei Arthrose im Flügel oder im Schultergelenk weitestgehend auf das Fliegen. Setzen sie dennoch zu einem Flug an, können sie sich wegen der Schmerzen nur schwer in der Luft halten. Manche Vögel geben Schmerzenslaute von sich, während sie fliegen, und lassen den betroffenen Flügel nach dem Flug ein wenig hängen. Im fortgeschrittenen Stadium hängen von Arthrose betroffene Flügel oftmals sogar in Ruhephasen herab. Außerdem ist in manchen Fällen bei genauer Betrachtung eine Schwellung des von der Arthrose befallenen Gelenks zu beobachten.

Beim Tierarzt erhalten Vögel mit Arthrose in der Regel Schmerzmittel oder Präparate, die zum Beispiel Kalzium enthalten.

Sie können Ihren an Arthrose erkrankten Vogel unterstützen, indem Sie breite, weiche Sitzstangen oder bequeme Ruheplätze anbieten (siehe: Rubrik Einrichtungstipps). Weitere Hilfestellungen rund um die Haltung finden Sie in Kapitel 3.4.1.

Nachlassende Sehleistung

Im Alter verringert sich die Sehleistung mancher Heimvögel. Am Beginn dieser Entwicklung sehen die Tiere vielleicht ein wenig undeutlicher oder verschwommen. Hell und dunkel können sie aber weiterhin unterscheiden und sich noch gut in ihrer Umgebung orientieren.

Zwei rund 30 Jahre alte Nymphensittiche – links im Bild ein Männchen mit Grauem Star, rechts ein Weibchen mit Arthrose in den Flügeln. Foto: Angelika Evy Vomhof

Gerade bei Linsentrübungen sieht der Vogel jedoch mit zunehmendem Maße schlechter, je trüber die Linsen werden.

Von vollständiger Blindheit sind hauptsächlich überdurchschnittlich alte Vögel betroffen (entzündungs- und verletzungsbedingtes Erblinden natürlich ausgenommen). Grauer Star und somit eine Eintrübung der Linsen in den Augen ist bei alten Vögeln keine Seltenheit. Heilbar sind diese altersbedingten Einbußen der Sehfähigkeit nicht.

Allerdings kommen die meisten Heimvögel mit nachlassender Sehleistung gut zurecht, vor allem, wenn die Verschlechterung langsam fortschreitet. Sie werden zwar meist ruhiger, was bei älteren Tieren aber durchaus normal ist. Außerdem laufen beziehungsweise klettern sie vorsichtiger und viele stellen das Fliegen ein.

Beachten Sie: Nähern Sie sich seheingeschränkten und blinden Vögeln immer vorsichtig und reden Sie am besten mit ihnen. So erschrecken sich die Tiere nicht oder zumindest weniger.

Wichtig ist zudem, dass die Vögel stets ausreichend Futter und Wasser finden können. Platzieren Sie dieses an bekannten Stellen und variieren Sie die Standorte nicht. Auf diese Weise finden sich viele seheingeschränkte und blinde Vögel auf Dauer gut zurecht. Weitere Tipps zur Haltung dieser speziellen Pfleglinge finden Sie im Kapitel 3.1.1.

Herz-Kreislauf-Erkrankungen

Vögel können aufgrund unterschiedlicher Ursachen Herzprobleme erleiden. Ist der lebenswichtige Muskel nicht (mehr) ausreichend kräftig, sprechen Tierärzte von einer Herzschwäche oder Herzinsuffizienz. Diese tritt bei vielen älteren Tieren auf, und das sogar bei solchen, die in jungen Jahren vollkommen gesund waren.

Nicht in jedem Fall ist eine Herzschwäche gleich deutlich sichtbar. Es ist also eine sehr genaue Beobachtungsgabe des Vogelhalters gefordert, um einen herzkranken Vogel früh als solchen zu erkennen und rasch einem Tierarzt vorzustellen.

Zu den möglichen, aber recht unspezifischen Symptomen gehören:

- akute Atemnot nach Anstrengungen, also beispielsweise nach ausgiebigem Fliegen; gegebenenfalls rasselnde Atemgeräusche
- beschleunigte Atmung, teilweise sogar im Ruhezustand
- Durchblutungsstörungen
- verringerte Fluglust und -aktivität
- allgemeine Müdigkeit und Mattigkeit.

Eine Herzerkrankung zeigt sich oft anhand schlecht durchbluteter Füße und Beine. Sie verfärben sich vor allem nach Anstrengung bläulich oder dunkler und werden kalt. Bei zahmen Vögeln kann man dies erfühlen, wenn sie auf der Hand des Halters stehen.

In vielen Fällen wird der Schnabel infolge einer Herzschwäche teils recht dunkel. Foto: Gaby Schulemann-Maier

Das Schnabelhorn gefiederter Herzpatienten verfärbt sich in vielen Fällen ebenfalls. Es wird grau oder dunkel, weil die verminderte Durchblutung mit einer verringerten Sauerstoffsättigung einhergehen kann. Bei Sittichen und Papageien fällt hauptsächlich die Verfärbung des Oberschnabels auf, doch ihr Unterschnabel ist in aller Regel ebenso betroffen. Zu sehen sind derlei Farbänderungen allerdings lediglich bei Vögeln mit heller Schnabelgrundfärbung, wogegen etwa bei Gelbbrustaras und Graupapageien die natürliche schwarze Färbung den Effekt verschleiert.

Ist eine Herzschwäche stark ausgeprägt, kann es zu weiteren Komplikationen kommen, darunter Wasseransammlungen in der Lunge. Dann ist ein rasselndes Atemgeräusch zu hören und ein betroffener Vogel meidet jede Form von Anstrengung, weil er unter Luftnot leidet.

Des Weiteren können die Arterien der Vögel verstopfen, was bei ihnen wie bei den Menschen mit dem Cholesterin zusammenhängt. Von Atherosklerose betroffene Vögel erleiden Durchblutungsstörungen, die wiederum das Herz betreffen und schwächen können. Einige andere mögliche Symptome sind:

- Wassereinlagerungen (Ödeme) in verschiedenen Körperteilen
- Schwarzfärbung und Absterben schlecht durchbluteter Zehen
- Lähmungen
- Atemnot
- Gleichgewichtsstörungen.

Vögel mit Herz-Kreislauf-Erkrankungen benötigen hauptsächlich Ruhe. Jedwede Aufregung kann für einen solchen Patienten im ungünstigsten Fall tödlich enden. Trotzdem sollten Sie Ihren gefiederten Schützling einem Tierarzt vorstellen. Denn nur der kann eine sichere Diagnose stellen und eine geeignete Behandlung einleiten.

Bieten Sie Ihren tierischen Herzpatienten Klettermöglichkeiten und bequeme Ruhebrettchen an. Bei Vögeln, die unter Gleichgewichtsstörungen leiden, kann das Polstern des Bodens sinnvoll sein, siehe Kapitel 4.1. Weitere Tipps für die Haltung bietet Kapitel 3.8.1.

Generelle Altersschwäche

In der Regel sind es vor allem sehr hochbetagte Vögel, die eine Altersschwäche zeigen und sich kaum mehr bewegen. Ihre Muskulatur ist schwach geworden und sie sind stark ruhebedürftig. Weil sie oftmals recht wackelig auf den Beinen sind, wissen sie breite Sitzflächen zum bequemen Hinlegen und Kletterhilfen sehr zu schätzen. Ein gepolsterter Boden reduziert das Verletzungsrisiko bei Stürzen. Lesen Sie dazu auch die Rubrik Einrichtungstipps.

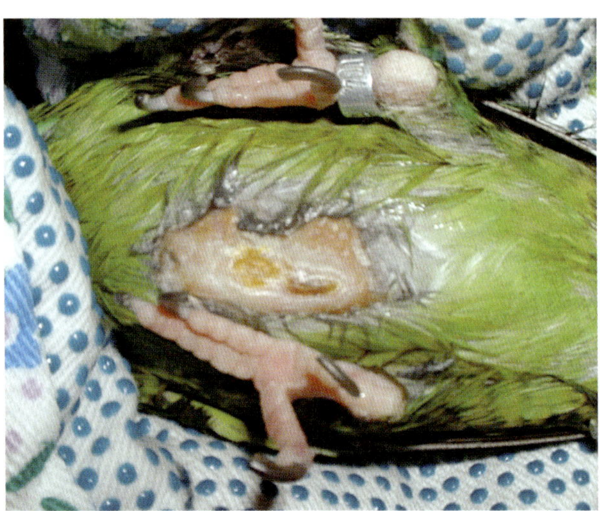

Gebrechliche ältere Vögel legen sich gern hin, wodurch Liegegeschwüre entstehen können. Foto: Sigrid März

In der Kokosblatt-Schaukel liegt es sich bequem.
Foto: Gaby Schulemann-Maier

Um gehandicapten Vögeln den Alltag zu erleichtern, können Halter ihnen spezielles Zubehör anbieten. Manches ist im gut sortierten Fachhandel für Vogelzubehör erhältlich. Anderes gibt es nicht „von der Stange“ und es ist ein wenig Bastelgeschick gefragt. Welche Hilfsmittel und „Vogel-Möbel“ tatsächlich benötigt werden, hängt von der jeweiligen körperlichen Einschränkung und den individuellen Vorlieben der Tiere ab.

Daneben gilt es, die Vögel vor Unfällen zu schützen – oder genauer gesagt vor deren schlimmen Folgen. In den wenigsten Fällen lässt es sich ganz verhindern, dass zum Beispiel flugunfähige Vögel hin und wieder abstürzen. Richten Sie deshalb Ihr Augenmerk darauf, durch Polsterungen oder Vorrichtungen zum Auffangen die Wucht beim Aufprallen deutlich zu mildern.

In den angegliederten Kapiteln geben wir einige grundlegende Tipps, die Sie sicher selbst leicht abwandeln können. So wird es Ihnen möglich sein, den Bedürfnissen Ihrer gefiederten Schützlinge angepasst an das individuelle Wohnumfeld gerecht zu werden.

Nicht nur flugunfähige Vögel neigen dazu, von ihren Sitzplätzen oder beim Fliegen abzustürzen. Ebenso gefährdet sind in dieser Hinsicht beispielsweise Tiere mit Fehlstellungen oder Lähmungen der Beine. Beim Aufprall drohen schwere Verletzungen. Dagegen können Sie etwas unternehmen:

- polstern Sie den Boden in Voliere oder Käfig sowie im Freiflugzimmer
- spannen Sie waagerechte Sprungtücher oder Netze; stimmen Sie dabei die Maschenweite und Stärke des Netzes auf Größe und Gewicht der Vögel ab.

In Käfigen oder Volieren für kleine und leichte Vögel können Sie Luftpolsterfolie mehrfach übereinanderlegen und mit Küchenpapier sowie einer Lage weicher Einstreu bedecken. Das federt Stürze gut ab. Achten Sie unbedingt darauf, dass die Vögel die Plastikfolie nicht erreichen, um daran zu knabbern. Vermeiden Sie außerdem, dass sie unter die Folie oder zwischen die Lagen klettern können – es besteht Erstickungsgefahr! Am besten fixieren Sie die Ränder mit Klebestreifen. Generell ist Polsterfolie eher für Spitzschnäbel wie Zebrafinken, kleine Täubchen oder Kanarienvögel als für nagefreudige Sittiche geeignet.

Um Letztere oder größere und damit schwerere Vögel im Käfig oder in der Voliere vor einem harten Aufprall am Boden zu schützen, legen Sie lieber mehrfach gefaltete weiche Decken aus Stoff aus. Achten Sie darauf, dass die Vögel daran nicht mit ihren Krallen hängen bleiben können. Um den Stoff vor Kot zu schützen, kann Küchenpapier und darüber eine Lage weiche Einstreu aufgetragen werden.

Vogelsand ist bei sturzgefährdeten Vögeln keine sichere Einstreu, nicht einmal als Schutzschicht für eine darunterliegende Polsterung. Fällt ein Vogel mit dem Gesicht voran in den Sand, könnten die feinen Sandkörner die Augen verletzen. Nicht staubendes, feines Buchenholzgranulat oder angenehm weiche Hanfstreu sind mögliche Alternativen.

Sofern Sie größere Bereiche des Bodens im Freiflugzimmer sichern möchten, nutzen Sie für nicht nagefreudige Vögel Spielmatten für Kinder oder Moosgummimatten. Für Sittiche und Papageien sind sie weniger geeignet, weil die Vögel das weiche Material für ihr Leben gern anknabbern und womöglich Teile davon verschlucken. Eine nicht allzu stark aufgeblasene, dicke Luftmatratze schützt abstürzende Vögel meist zuverlässig vor Verletzungen. Ist sie jedoch mit viel Luft gefüllt, prallt das Tier relativ hart auf oder wird sogar zurückgeschleudert. Deshalb ist beim Aufblasen Fingerspitzengefühl gefragt. Dabei gilt ebenfalls: Papageienschnäbel machen oft nicht Halt vor diesem Sicherheits-Bodenbelag. Nutzen Sie eine Luftmatratze oder eine weiche Matte, sollten Ihre Krummschnäbel immer unter Aufsicht sein.

Um die Bodenpolsterung vor Verunreinigungen zu schützen, eignen sich Leinen-Bettlaken oder -Bettbezüge. Die vertragen auch eine Kochwäsche. Darüber können Sie zusätzlich weiche Einstreu wie zum Beispiel Heu auslegen.

Gibt es Stellen, an denen die Vögel erfahrungsgemäß häufiger abstürzen, bringen Sie dort ergänzend oder alternativ Sprungtücher und -netze an. Es hängt von den jeweiligen räumlichen Gegebenheiten ab, ob und wie sich dies sinnvoll bewerkstelligen lässt. Bei aller Sicherheit ist zu beachten, dass im selben Haushalt lebende andere Vögel durch diese Netze nicht zu sehr eingeschränkt werden sollten. Sie brauchen Platz zum Fliegen. Prüfen Sie die Netze und Tücher außerdem täglich auf Beschädigungen. Sie dürfen im Ernstfall nicht reißen, wenn ein Vogel von ihnen aufgefangen werden soll.

Abgestürzt und doch in Sicherheit – das Netz hat den flugunfähigen Wellensittich aufgefangen. Foto: Gaby Schulemann-Maier

Fliegen sie nicht gerade, sind die Vögel auf den Beinen. Obwohl es im allgemeinen Sprachgebrauch als Sitzen bezeichnet wird, stehen die Vögel eigentlich. Gerade für Tiere mit Handicap ist das nicht immer einfach. Fehlgestellte oder fehlende Gliedmaßen, neurologische Ausfälle oder Altersgebrechen – so einiges erschwert es Ihren Vögeln, auszuruhen und die Beine ein wenig zu entlasten. Als Halter können Sie Ihre gehandicapten Vögel mit gepolsterten Sitzgelegenheiten unterstützen.

Die Vorteile:

- große Auflageflächen bieten mehr Halt
- weiche Oberflächen senken das Risiko für die Entstehung von Druckstellen oder Liegegeschwüren.

Als Basis für gepolsterte Sitzstangen eignen sich breite Äste oder sogar einige Zentimeter breite Holzlatten. Umwickeln Sie die Stange oder Latte mindestens einmal

Die beinamputierte Gelbscheitelamazone ruht auf einem gepolsterten Liegebrettchen und stützt gleichzeitig ihren Kopf auf einer hölzernen Sitzstange ab. Foto: Brigitte Siebler

mit einer Lage Schaumstoff. Schneiden Sie diesen so zurecht, dass Sie die Enden mit Klebeband auf der Unterseite der Stange/Latte fixieren können. Alternativ können Sie Mullbinden oder Ähnliches verwenden. Dünnere Stoffe wickeln Sie am besten mehrlagig um den Ast oder die Holzlatte, damit sie ausreichend polstern. Papageien und Sittiche knabbern gern an Schaumstoff, in Mullbinden bleiben Vögel oft mit ihren Krallen hängen. Deshalb müssen Sie eine weitere Ummantelung anbringen, die das Polstermaterial vor Vogelschnäbeln und -krallen schützt. Dafür ist Mikrofaserstoff sehr gut geeignet. In Drogeriemärkten gibt es Putztücher aus diesem Material. Schneiden sie die Tücher passend zurecht und fixieren Sie sie wie das Polstermaterial an der Unterseite der Stange oder Holzlatte. Alternativ können Sie dazu Verbandklammern verwenden.

Wichtig: Bevor Sie die Tücher erstmals verwenden, geben Sie sie einmal in die Waschmaschine. Dadurch entfernen Sie eventuell vorhandene Chemikalienreste. Es ist ratsam, direkt mehrere Tücher vorzubereiten. So können Sie die Ummantelung der Sitzstangen regelmäßig wechseln und in der Waschmaschine reinigen. In aller Regel lässt sich Mikrofaserstoff mehrmals waschen, bevor er verschleißt. Wenn Sie keinen Mikrofaserstoff verwenden möchten: Eine Ummantelung aus selbst-fixierendem Tape-Verband tut's genauso. Umwickeln Sie die Stange wie oben beschrieben zunächst mit Schaumstoff oder mehreren Lagen Mullbinde. Dann folgt der Tape-Verband. An dem Material bleiben Vögel normalerweise nicht mit den Krallen hängen, was Sie im Einzelfall jedoch unbedingt überprüfen sollten. Wickeln Sie das Tape recht straff, damit es gut hält. Ist es verschmutzt, ersetzen Sie einfach die oberste Schicht. Nach demselben Prinzip wie gepolsterte Sitzstangen können Sie zudem weiche Sitz- oder Schlafbrettchen herstellen. Statt Ästen oder Holzlatten sind dabei dünne Holz- oder Kunststoffbrettchen die Basis. Der Aufbau ist ansonsten identisch.

Sitzbrettchen polstern in wenigen Schritten

A

Als Basis dienen in diesem Fall ein simples Frühstücksbrettchen aus leichtem Kunststoff sowie reichlich Luftpolsterfolie.

B

Ein handelsübliches Mikrofasertuch nutzen wir als robusten und auswechselbaren Bezug.

C

Fixieren Sie den Stoff an der Unterseite des Brettchens mit wiederverwertbaren Verbandklammern. Die gibt es oftmals sogar einzeln in der Apotheke zu kaufen.

D

Legen Sie das gepolsterte Sitzbrettchen zum Beispiel auf zwei parallel angebrachte Sitzstangen und fixieren Sie es am Käfiggitter.

Fertig ist ein bequemer Sitzplatz für kleine gehandicapte Vögel. Das Mikrofasertuch können Sie dank der Klammern einfach gegen ein sauberes Tuch austauschen.

Kletternetze finden meist großen Anklang, und das nicht nur bei gehandicapten Vögeln. Foto: Gaby Schulemann-Maier

Büßt ein Vogel seine Flugfähigkeit ein, sind manche Bereiche im Freiflugzimmer oder in einer geräumigen Voliere für ihn kaum bis gar nicht mehr zu erreichen. Mitunter verausgabt er sich dabei, um trotzdem zum begehrten Lieblingsplatz zu gelangen. Gleichzeitig steigt die Unfallgefahr, denn ein flugunfähiger Vogel könnte abrutschen und stürzen. Bieten Sie Ihrem Vogel daher sichere Kletterhilfen an.

Wie diese aussehen sollten, hängt davon ab, weshalb der Vogel flugunfähig ist. Tiere mit verletzten oder (teilweise) amputierten Flügeln können meist trotzdem ihr Gleichgewicht halten. Darüber hinaus sind sie oft extrem geschickte Kletterer. Gleiches gilt für Vögel, deren Gefieder große Lücken aufweist. Dann brauchen die Kletterhilfen nicht allzu breit zu sein. Anders sieht das bei Vögeln aus, deren Füße und/oder Beine zusätzlich geschädigt sind oder die an schmerzhaften Gelenkerkrankungen leiden. Sie sind – ebenso wie Tiere mit neurologischen Erkrankungen – beim Klettern recht wackelig unterwegs. Bieten Sie ihnen breite Kletterhilfen an und montieren Sie darunter gegebenenfalls Sicherheitsnetze oder Sprungtücher. Alternativ können Sie den Boden polstern, siehe Kapitel 4.1.

Im Zoofachhandel oder bei Anbietern von Vogelzubehör gibt es Leitern in allen erdenklichen Größen und Ausführungen. Um aus diesen eine breitere Kletterhilfe zu bauen, fixieren Sie einfach zwei Leitern nebeneinander mit Kabelbindern. Für kleine und leichte Vögel eignen sich Nagerbrücken zum Überwinden geringer Höhendifferenzen. Die Brücken bestehen aus Naturholz und laden deshalb auch noch zum Knabbern ein. Wichtig ist, dass die einzelnen quer verlaufenden Brückensegmente so nebeneinander liegen, dass die Vögel dazwischen nicht mit ihren Zehen beziehungsweise Krallen stecken bleiben können. Aus dünnen Korkplatten, Holzbrettern oder -latten lassen sich lange, stabile Kletterrampen bauen. Für flugunfähige Vögel, die zusätzlich schlecht zu Fuß sind, sind manche Bretter oder Latten allerdings zu glatt.

Ein straff gewickeltes Seil bildet bei dieser Kletterrampe die Trittstufen für sicheren Halt. Foto: Gaby Schulemann-Maier

Um sie in sichere Kletterhilfen zu verwandeln, schlingen Sie ein Seil so um das Brett, dass es „Trittstufen“ bildet. Insbesondere fußamputierte Vögel kommen damit in der Regel gut zurecht. Ein weiches Seil belastet die empfindliche Haut am Stumpf sowie am verbliebenen Fuß nicht übermäßig. Besonders rutschsicher sitzen Seile übrigens, wenn Sie die Bretter oder Latten seitlich so anbohren, dass sich Führungsrillen ergeben.

Vorsicht: Lose Fäden können sich um Gliedmaßen wickeln und sie abschnüren. Einige Vögel zupfen zudem gern an Fasern. Verschlucken sie welche, können sie sich im Kropf sammeln und sich zu einem Fremdkörper zusammenballen, der nur durch eine Operation entfernt werden kann. Kontrollieren Sie deshalb regelmäßig die Seile auf lose Fäden und Fasern. Setzen Sie sie nur ein, wenn Sie absolut sicher sind, dass Ihre Vögel keine Fäden verschlucken.

Um Höhenunterschiede zu überwinden, verlassen sich viele flugunfähige Vögel zudem gern auf hängende Kletternetze. Dasselbe gilt für Kletterspiralen aus Baumwolle oder Jute, wie sie im Fachhandel angeboten werden. Nutzen Sie die hier gezeigten Kletterhilfen als Inspirationsquellen und prüfen Sie, was Ihre Tiere am liebsten mögen. Schauen Sie sich am besten im Sortiment der verschiedenen Händler für Vogelzubehör um. Aus den dort angebotenen Bastelteilen, Sitzgelegenheiten und Schaukeln lassen sich im Handumdrehen individuelle Hilfsmittel bauen. Ganz wichtig: Erneuern Sie die Kletterhilfen regelmäßig, denn eine gründliche Reinigung ist nicht immer gut möglich. Nützlich zu sein ist das eine, die Hygiene ist aber mindestens genauso entscheidend. Außerdem müssen alle Kletterhilfen sicher befestigt sein. Sie

Rampen aus Kork sind beliebt zum Schreddern und Klettern. Foto: Gaby Schulemann-Maier

dürfen sich nicht lösen, während Vögel auf ihnen stehen oder klettern. Würden die Tiere mit einer kippenden oder abrutschenden Kletterhilfe abstürzen, könnten sie von dieser erschlagen werden.

Abschließend noch ein Tipp: An viele selbst gebaute Kletterhilfen können Sie Bastelteile aus dem Fachhandel montieren, darunter Schredderspielzeuge. Die bringen Abwechslung und Spaß in den Alltag Ihrer Handicap-Vögel!

Weil flugunfähige Kanarienvögel nicht klettern können, sollten Stangen und Co. für sie in Hüpfreichweite angebracht sein. Foto: Beatrix Friese

Wie eine große Hängematte montiert, laden solche Konstruktionen zum Ausruhen und Spielen ein. Diese besteht aus einer Seegrasmatte. Foto: Gaby Schulemann-Maier

Viele gehandicapte Vögel können nicht allzu lang bequem auf ihren Füßen stehen; vor allem wenn diese Fehlstellungen aufweisen oder gar fehlen. Ähnliches gilt für Tiere, die an Koordinationsstörungen oder einer Herz-Kreislauf-Schwäche leiden. Vögel mit Arthrose werden von schmerzenden Gelenken geplagt. Sehr gern nehmen diese Tiere Ruheplätze an, auf denen sie bequem bäuchlings liegen können. Übrigens gilt dies ebenso für etliche kerngesunde Vögel, die eine entspannte „Siesta" zu schätzen wissen.

Für Vögel, die ihr Gleichgewicht nicht gut halten können, sind Liegebrettchen mit erhöhten Rändern ideal. Daran können sich die Tiere einerseits anlehnen und sie als Stütze nutzen. Andererseits verhindern diese kleinen Umrandungen, dass die Vögel, während sie schlafen, aus Versehen abstürzen. Die Liegeflächen der Ruheplätze können eben oder unregelmäßig geformt sein – abhängig vom Material, aus dem sie bestehen. Auf jeden Fall sollten sie gut zu reinigen sein. Denn viele auf dem Bauch liegend ruhende Vögel scheiden das eine oder andere Kothäufchen aus. Innerhalb einer Nacht kommt eine beträchtliche Menge zusammen.

Besonders gut geeignet sind somit Ruheplätze, die Sie mit heißem (Essig-)Wasser und einer Bürste kräftig schrubben können. Oder Sie bearbeiten die Liegefläche mit einem Dampfreiniger. Nach nicht allzu langer Nutzungsdauer sollten Sie die Ruheplätze gegen neue austauschen. Denn in Mikrorissen in der Oberfläche setzen sich leicht Bakterien fest, die Sie trotz sorgfältiger Reinigung nicht vollständig entfernen können.

Fatale Vergesellschaftung: Größere – artfremde – Papageien haben dieser Blaustirnamazone sämtliche Zehenglieder abgebissen. Auf einem glatten Holzbrett kann sich der Vogel trotz des Handicaps gut ausruhen. Foto: Oliver Schmidt

Robuste Oberflächen lassen sich zwar gut reinigen, haben für Vögel aber auch einen Nachteil: Sie sind typischerweise sehr hart. Liegen die Tiere lange Zeit darauf, können sich an den Füßen, Sprunggelenken sowie entlang des Brustbeins Druckstellen und Liegegeschwüre entwickeln. Sie heilen nicht nur schlecht, sondern sind überdies äußerst schmerzhaft.

Eine Alternative sind Oberflächen mit kleinen Unebenheiten, wie etwa bei Korkrinde. Der durch das Körpergewicht verursachte Druck verteilt sich anders auf Füße, Beine und das Brustbein als auf glatten Flächen. Zumindest theoretisch können Sie so vermeiden, dass Druckstellen entstehen. In der Praxis haben die Vögel aber meist ihre „Lieblingsstellen“ und legen sich stets exakt dort hin. Dadurch belasten sie trotzdem ständig dieselben Hautpartien.

Liegeschaukel aus Korkrinde, ergänzt um einige Holzklötze zum Knabbern und Spielen. Foto: Gaby Schulemann-Maier

Bieten Sie deshalb ausschließlich oder zusätzlich weitere Ruheplätze aus weichen Materialien an. Für kleinere Vögel eignen sich beispielsweise aus geflochtenem Seegras bestehende Matten und Netze, die Sie wie eine Schaukel aufhängen. Solche Hängematten sind für Vögel mit neurologischen Störungen ideal, denn die Tiere können kaum seitlich abstürzen.

Darüber hinaus können Sie solche Netze und Matten auf glatten Liegebrettchen platzieren, wodurch die Vögel nicht direkt auf dem ebenen und harten Untergrund ruhen. Wichtig ist eine gute Fixierung, damit die Matten nicht wegrutschen, wenn sich die Vögel bewegen.

Straff gespannte Netze geben hervorragende Liegeplätze für Handicap-Vögel ab. Foto: Gaby Schulemann-Maier

Getrocknete Kokosblätter sind in unterschiedlichen Größen erhältlich. Vögel nutzen sie gern als hängende Schaukeln und um sich bequem hinzulegen.
Foto: Gaby Schulemann-Maier

Mit ein wenig handwerklichem Geschick können Sie selbst weiche Liegeflächen gestalten. Spannen Sie über eine Halterung ein Mikrofasertuch, das sie zum Beispiel mit angenähten Druckknöpfen befestigen. Tipp: Bereiten Sie gleich mehrere Tücher passend vor, dann können Sie sie täglich wechseln und verschmutzte Tücher heiß waschen.

Die in diesem Kapitel gezeigten Ruheplätze sind als Anregungen zu verstehen. Im Fachhandel für Papageienzubehör finden Sie ähnliche Modelle. Außerdem können Sie dort viele Bastelteile erwerben, aus denen Sie individuelle „Ruhemöbel“ für Ihre Vögel bauen können.

Gehandicapte Vögel zu halten, kann zu einer Gratwanderung werden. Einzuschätzen, wann ein Leben noch lebenswert ist oder wann die Belastungen – etwa durch chronische Schmerzen – zu groß werden, ist für uns schwierig. Wir können zwar versuchen, uns in Vögel hineinzuversetzen. Doch wie sie ihren Alltag erleben, dürfte sich maßgeblich von unseren Eindrücken unterscheiden. Es zu versuchen, ist aber wichtig. Denn unter bestimmten Umständen kann es ratsam sein, einen Vogel trotz oder vielleicht gar wegen der großen Zuneigung, die man für ihn empfindet, gehen zu lassen.

Sich für das Einschläfern eines geliebten Tieres zu entscheiden und damit gewissermaßen den Zeitpunkt des Todes festzulegen, ist für so manchen Vogelhalter ausgesprochen schwierig. Er plagt sich mit dem Gedanken, eventuell zu früh den Schlussstrich zu ziehen und den Vogel um Lebenszeit zu betrügen. Oder er interpretiert die Lage zu optimistisch: Das Tier leidet zwar Qualen, hat zum Beispiel starke Schmerzen. Aber der Halter sieht nur die guten Augenblicke, während derer das Tier einigermaßen vital wirkt. Er denkt dann, dass der richtige Moment zum Einschläfern noch nicht gekommen sei; vielleicht auch deshalb, weil er sich insgeheim vor dem Unvermeidlichen fürchtet. All das ist verständlich, für das betroffene Tier allerdings nicht hilfreich. Es ist vielmehr nötig, die Situation des erkrankten oder extrem schwer gehandicapten Vogels so objektiv wie möglich zu betrachten. Aber wie soll das gehen?

- Beantworten Sie ehrlich einige Fragen zum Zustand des Vogels.
- Besprechen Sie diese Antworten mit dem behandelnden Tierarzt.
- Berücksichtigen Sie die Einschätzung des Tierarztes.
- Entscheiden Sie dann gemeinsam mit ihm.

Die folgenden Fragen sollen Ihnen dabei helfen.

Hat Ihr Vogel dauerhaft (starke) Schmerzen?
Beantworten Sie diese Frage mit „Ja", ist die Lebensqualität stark eingeschränkt. Ihr Tier leidet. Doch es ist manchmal schwer zu beurteilen, ob ein Tier Schmerzen hat oder nicht. Daher ist es wichtig, bei diesem Punkt den behandelnden Vogeltierarzt um seine Einschätzung zu bitten. Erfahrene Ärzte sind mit solchen Fällen vertraut und können sie häufig recht gut objektiv beurteilen. Und als gewissenhafter Halter sollten Sie – sofern dies noch nicht geschehen ist – umgehend eine angemessene Schmerztherapie einleiten lassen.

Ist jemals mit einer Besserung oder Heilung zu rechnen?
Beantworten Sie diese Frage mit „Nein", sollten Sie eine Euthanasie – also das Einschläfern des Vogels – in Erwägung ziehen.

Nimmt Ihr Vogel noch Nahrung zu sich?
Sind Vögel akut erkrankt, fressen sie oftmals wenig oder gar nicht, was sich wieder legen kann. Haben Sie es hingegen nicht mit einer akuten Erkrankung zu tun und frisst ihr gehandicapter Vogel kaum mehr, geht es ihm wahrscheinlich sehr schlecht. Das Verweigern der Nahrungsaufnahme ist ein Alarmsignal.

Kann sich Ihr Vogel auf Dauer selbstständig ernähren?
Lautet die Antwort „Nein“, ist die Lage kritisch. Hunger und Nährstoffmangel verschlechtern einen bereits angeschlagenen Allgemeinzustand weiter. Wird nicht eingegriffen, verhungert der Vogel qualvoll. Als Lösung gibt es die Zwangsernährung, etwa per Kropfsonde. Das ist für den Vogel unangenehm und mit viel Stress verbunden, besonders wenn er nicht handzahm ist. Für einen kurzen Zeitraum ist dieses Vorgehen als lebensrettende Maßnahme zwar durchaus akzeptabel. Als Dauerlösung ist es aber in der Mehrheit der Fälle nicht geeignet. Für alle Beteiligten ist die andauernde Zwangsernährung eine zu große Belastung.

Hat sich das Verhalten Ihres Vogels verändert?
Wird der Vogel von seinen Artgenossen ignoriert oder sogar gejagt, ist das für sozial lebende Tiere belastend. Auffällig ist zudem, wenn sich der erkrankte Vogel vom Schwarmleben oder vom Partnervogel zurückzieht. Manche reagieren gar aggressiv auf die Annäherungen ihrer gefiederten Gefährten und beißen sie weg. All dies deutet auf Unwohlsein oder Schmerzen hin. Den Vogel zu separieren, damit er seine Ruhe hat, ist nur kurzfristig eine Option. Gerade für gesellige Vögel wie Papageien und Sittiche ist eine dauerhafte Einzelhaltung inakzeptabel.

Pflegt Ihr Vogel noch täglich sein Gefieder?
Meist pflegen Vögel ihr Gefieder nicht mehr, wenn sie sehr krank sind. Entweder mangelt es ihnen an Kraft, sie haben zu große Schmerzen oder sie haben ihren Lebenswillen verloren. Freilich kann es sein, dass eine akute Erkrankung nur vorübergehend schwächt und der Vogel nach einer Weile wieder fit ist. Hält der Zustand aber lange an, ist das ein schlechtes Zeichen.

Ruht oder schläft Ihr Vogel mehr, als dass er aktiv oder wach ist?
Schwerkranke und dadurch wahrscheinlich stark gehandicapte Vögel haben ein erhöhtes Schlaf- beziehungsweise Ruhebedürfnis. Ist die Erkrankung nicht heilbar und der betroffene Vogel schläft fast den ganzen Tag? Dann ist oft der Zeitpunkt fürs Einschläfern gekommen. Längst ist das Tier so schwach, dass seine Energie nicht einmal mehr dafür ausreicht, wach zu bleiben.

Schwer belastet durch seine unheilbare Krankheit (PBFD) und einen Lungenschaden, kann dieser Wellensittich kaum mehr atmen. Es ist an der Zeit, ihn zu erlösen.
Foto: Gaby Schulemann-Maier

Empfehlenswerte Bücher

Bärbel Oftring & Petra Wolf
Vogelfutterpflanzen aus Natur und Garten
Arndt-Verlag

Hans-Jürgen Künne
Die Ernährung der Papageien und Sittiche
Arndt-Verlag

Doris Dühr
Notfallhilfe für Papageien und Sittiche
Arndt-Verlag

Veit Kostka & Marcellus Bürkle
Basisversorgung von Vogelpatienten
Schlütersche

Erhard F. Kaleta, Maria-Elisabeth Krautwald-Junghanns (Hrsg.)
Kompendium der Ziervogelkrankheiten
Schlütersche

Doris Quinten
Ziervogelkrankheiten
Ulmer

Jennifer Gekeler
Kreative Beschäftigung für Papageien, Sittiche & Co.
Arndt-Verlag

Sigrid März
Katharinasittiche – Außergewöhnliche Papageien im Kleinformat
Books on Demand

Alle erhältlich unter www.Vogelbuch.com.
Direktkbestellung: Tel. 07252 97073-10,
bestellung@arndt-verlag.de

Zeitschriften

WP-Magazin, www.wp-magazin.de
PAPAGEIEN, www.papageien.de

Adressen

www.katharinasittiche.de
Webseite von Sigrid März

www.handicap-birds.de
Webseite von Gaby Schulemann-Maier

www.huerdenwellies.de
Hürdenwellies e.V. - Tierschutz für ganz besondere Wellensittiche

Impressum

Sigrid März, Gaby Schulemann-Maier

Vogelhaltung mit Handicap
Ratgeber für die Haltung von Ziervögeln mit Behinderungen

Titelbilder von: Gaby Schulemann-Maier (oben, unten Mitte); Sigrid März (unten links), Oliver Schmidt (unten rechts)

1. Auflage (2022)
Arndt-Verlag e. K., Bretten
ISBN 978-3-945440-86-5

Satz, Layout, Bildbearbeitung: Birgit Bautz-Schäfer
Sprachlektorat: Dr. Rainer Noske
Gedruckt in der EU

Register